プロの手本でセンスよく！

Illustrator
誰でも入門

高橋としゆき　浅野桜　五十嵐華子　mito 共著

books.MdN.co.jp

エムディエヌコーポレーション

　Adobe Illustratorは、もともとデザインやイラストレーション
のプロフェッショナルが使う専門のツールとして誕生し、長らくは
そのような現場でのみ使用されてきました。専門的な環境で進化を
してきた歴史が物語るように、一般的なプレゼンテーションツール
やワードプロセッサーよりワンランク上の豊かなビジュアル表現が
できますが、一般ユーザーにとっては敷居が高い存在だったといえ
ます。しかし、Creative Cloudの登場でサブスクリプション化さ
れてからはユーザー層の裾野が一気に広がり、専門職以外の人たち
も使う機会が多くなりつつあります。

　元来は一定の習熟が必要なソフトウェアでしたが、近年ではそう
いった専門的な技術を身につけなくても使える機能が数多く搭載さ
れており、幅広いユーザーに対応するための進化をしているように
感じます。現に、PCよりもユーザー層の広いiPad版のIllustrator
も登場しているくらいです。もはや、専門的な職域だけでなく通常
のビジネス用途やライトユーザーへもおすすめできるツールといえ
るでしょう。

　このように、便利で簡単に使える機能が数多く搭載される一方で、
自分にとって必要なものが何なのかを見分けるのが難しくなってき
ているのも事実です。本書では、専門的な知識や慣れが必要な機能
などを思い切って割愛し、Illustratorの初学者が自信を持って第一
歩を踏み出せるよう、必要最低限の要素に絞って解説しました。つ
まり、本書で取り上げた機能を覚えれば、ひとまずIllustratorを使
うことができるということです。これからデザイナーとしての道へ
進む方はもちろん、ビジネスユースやホビーユースとして利用した
い方へもおすすめの一冊です。

　本書が、これからIllustratorユーザーとなる皆さまのお役に立て
ることを著者一同心から願っております。

著者を代表して
高橋としゆき

Contents

Contents

Lesson 6 | 画像とマスク 185

Contents

本書の使い方

■ 全体の構成

　この本は、Adobe Illustratorを使って、はじめて印刷物やWebのデザインをしてみたいという方のための解説書です。なるべく早く使えるようになるために、本書は次のような構成になっています。

Study セクション

各Lessonの前半（Lesson8 除く）では、Illustratorを操作するために必要な基本知識を解説しています。

Try セクション

各Lessonの後半では、実際にIllustratorを操作してデザインしてみましょう。Studyセクションで学習したことをもとに、プロのデザイナーが解説する手順に沿って作例を作ることができます。

作例の完成データや素材データが収録されたフォルダー名を記載しています。次ページのダウンロードURLからサンプルデータをダウンロードできます。

それぞれの難易度を表しています。

作例を通して身につけられる主なスキルが載っています。

手順の解説が続きます。

※本書はmacOSの環境で解説しています。Windowsで異なる箇所は()内に表記しています。
（例）[option]（[Alt]）Macの⌘は[command]と表記しています。

■ Tryセクションでの使用フォントについて

　本書の作例で設定するフォントは、すべてAdobe Fontsを使用しています。Adobe Creative Cloudユーザーであれば、Adobeが提供しているフォントを無償で利用することができます。インストール方法の詳細については、P127をご参照ください。

各ファイルを開く際にインストールする方法

サンプルデータで使用しているフォントをインストールしたい時は、Adobe Fontsサイトにアクセスしなくても、サンプルデータをIllustratorで開いた際に使用できる状態にすることができます。

01

サンプルデータをIllustratorで開くと「環境に無いフォント」ダイアログが表示されます。ここには、対象のIllustratorのデータで使用しているフォントで、PCにインストールされていないものが一覧表示されます。使用したいフォントの［アクティベート］にチェックを入れて［フォントをアクティベート］をクリックします。

02

アクティベートが完了すると、「フォントを正常にアクティベートしました。」と表示されるので、［閉じる］をクリックすれば完了です。

03

最初に表示されるダイアログを無視してデータを開くと、インストールされていないフォント部分が図のように表示されます。あとからインストールしたい場合は、［書式］メニュー→［環境に無いフォントを解決する...］を実行すると「環境に無いフォント」ダイアログが表示できます。

※本書は2021年6月現在のAdobe Fontsの提供状況を元に執筆されたものです。これ以降、Adobe Fontsで利用できるフォントは提供終了する場合があります。本書の作例は、「文字パネル」で設定を適宜調整すると、他のフォントを代替で使用しても同じ手順でデザインを完成させることができるようになっています。

サンプルのダウンロードデータについて

本書の解説に用いているサンプルデータは、下記のURLからダウンロードしていただけます。

https://books.mdn.co.jp/down/3221303003/

　　　　　　　　　　　　　　　　　　　　　　　　　　　　数字

【注意事項】
・弊社Webサイトからダウンロードできるサンプルデータは、本書の解説内容をご理解いただくために、ご自身で試される場合にのみ使用できる参照用データです。その他の用途での使用や配布などは一切できませんので、あらかじめご了承ください。
・弊社Webサイトからダウンロードできるデータを実行した結果については、著者および株式会社エムディエヌコーポレーションは一切の責任を負いかねます。お客様の責任においてご利用ください。

【ダウンロード画面が表示されない場合】
ダウンロードページへうまくアクセスできない場合は、下記をご確認ください。
・URLはすべて半角英数字で入力されているか　　　　・末尾の「/（半角スラッシュ）」が入力されているか
・検索窓ではなくアドレスバーに直接入力しているか

Lesson 1

Illustratorの基本

この章では、Illustratorの基本について学習します。まず、Illustratorとはどのようなツールなのかを覚えたら、実際に起動して新規のドキュメントを作成してみましょう。これが最初の一歩になります。続いて、操作を始める前に覚えておきたい画面構成や、パネルなどの扱い、基本的な機能について解説しています。

01
Lesson 1

Illustratorについて知ろう

デザインの現場において、今や欠かすことのできない存在となったIllustrator。具体的な機能や使い方を覚える前に、まずはどのようなツールかを知っておきましょう。

📖 Illustratorの特徴

Illustratorは、Adobe社が開発しているイラストや作図に特化したソフトウェアです。印刷やWebデザインなど、幅広い用途で使われています。デザインのカットイラストや図などを作る際に用いられることが主ですが、レイアウトを含めたすべてをIllustratorで完結させることも少なくありません。

また、Webデザインの領域では、アイコンやバナーの作成をはじめ、Webページ自体のデザインに使われることもあります。その大きな特徴は、データが「ベクター形式」であるということです。高精細での表示が主流となったデジタルデバイスとも相性が良く、Webデザインでの需要も大きくなっています。

Illustratorはさまざまなデザイン用途に使える

グラフィックデザイン

イラストレーション

バナーデザイン（Webデザイン）

📖 ラスターとベクターの違い

　私たちが扱うデジタルの画像は、大きく分けて「ラスター」と「ベクター」の2つの形式があります。ラスターは「ピクセル」という色のついた正方形をタイル状に敷き詰めることでディティールを表現します。デジタルカメラやスマホなどで撮影した写真は、すべてこの形式になります。ピクセルの数が増えるほどより高精細な階調表現ができますが、データの容量が大きくなっていきます。また、拡大や縮小を繰り返すと、元のクオリティに戻せないというデメリットもあります。別名として「ビットマップ」と呼ばれることもありますが、本書ではすべてラスターで統一します。一方ベクターは、すべての線を計算式で処理するため、常に滑らかな形を維持できます。ラスターのように複雑な階調表現は苦手ですが、大きさによってデータの容量も変わらず、拡大や縮小でも劣化しないのがメリットです。

Illustratorは主にベクターの扱いが得意なツール

ピクセル

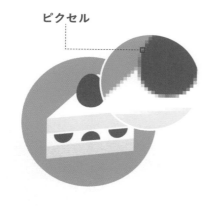

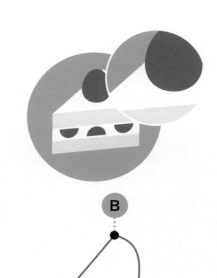

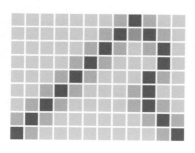

色違いのタイルを並べて
ラインを表現

点Aと点Bを直線、
点Bと点Cを波線で結ぶ

ラスター（ビットマップ）　　　　　　　**ベクター**

Illustratorを始めよう

まずはIllustratorを起動し、新規ドキュメントを作成するところまでを体験します。起動したあとは、基本的な画面構成とパネルの使い方を覚えるところから始めましょう。

Illustratorを起動する

Illustratorを最初に起動した時は、まず「ホーム画面」が表示されます。ここからは、新規書類を作成したり、既存のファイルを開いたり、学習用のチュートリアルや新機能の説明を見るなどができますが、そのうち使わなくなるので無効にしておくとよいでしょう。[Illustrator] メニュー〔[編集] メニュー〕→

[環境設定] → [一般...] を選択し、[ドキュメントを開いていないときにホーム画面を表示] のチェックをオフにして [OK] をクリックします。これで、次回以降ホーム画面が表示されることはなくなります。

ホーム画面はそのうち使わなくなるので無効にしてもよい

ホーム画面

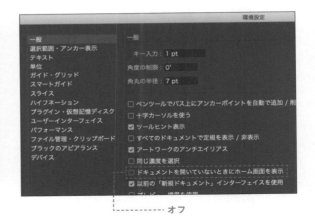

------ オフ

画面の色を変更する

初期状態のIllustratorの画面は、暗めのグレーがベースになっています。このベースの色は4段階で変更可能です。[Illustrator] メニュー〔[編集] メニュー〕→ [環境設定] → [ユーザーインターフェイス...] を選択し、[ユーザーインターフェイス] の [明るさ] で変更します。本書では、全体を通して誌面での見やすさを考慮し [明] に設定しています。機能的な違いは一切ないので、自分の見やすい明るさに設定しておくとよいでしょう。

自分の好みに応じて画面の明るさを変更

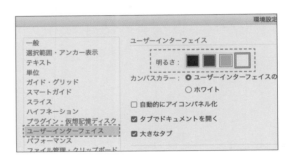

暗　　　　　　　　　　　　　　　　　　　　　　　　やや暗め

やや明るめ　　　　　　　　　　　　　　　　　　　　　　明

📖 新規ドキュメントを作成する

　それでは、最初の一歩となる新しい書類を作成してみましょう。Illustratorでは、書類のことを「ドキュメント」と呼ぶので、本書でも以降はすべてドキュメントと表現します。［ファイル］メニュー→［新規...］を選択すると、新規ドキュメント作成の画面が表示されます。上部には目的別のタブがあり、その下にはプリセットやテンプレート、右側に詳細の設定欄があります。

　ここでは、印刷用のA4サイズでドキュメントを作成します。［印刷］のタブをクリックし、［空のド

キュメントプリセット］から［A4］を選択して［作成］をクリックすると、新規ドキュメントが作成されます。「プリセット」とは、設定をあらかじめ保存しておき、すぐに呼び出せるようにしたセットのことです。今回は、印刷用のA4ドキュメントに合わせて事前に用意されているプリセットを使った、ということになります。設定欄に自分で数字を入れたり、項目を変更するなどして、オリジナル設定の新規ドキュメントを作成することも可能です。

新規ドキュメントの作成ダイアログ

新規書類（ドキュメント）

画面の構成について

　新規ドキュメントを作成したら、画面の構成を覚えましょう。初期状態では、左側に「ツールパネル」、中央に「ドキュメントウィンドウ」、右側に「パネル」という構成になっています。[ウィンドウ]メ ニュー→[コントロール]を選択すると、画面上部に「コントロールパネル」が追加されます。「コントロールパネル」はよく使うので、基本的に表示しておくとよいでしょう。

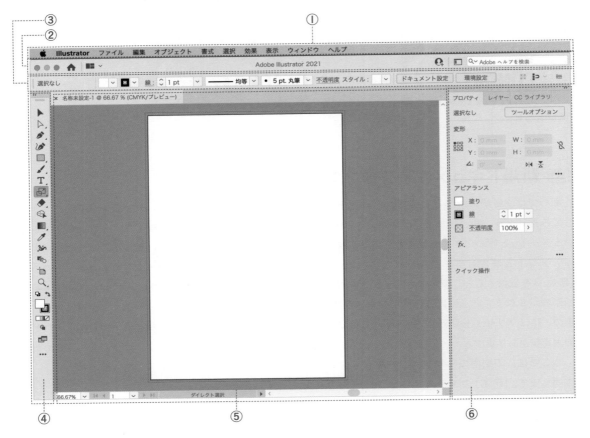

①メニューバー

Illustratorを操作するためのメニューが並んでいるエリアです。文字をクリックしてメニューを開き、任意の項目を選択します。Windows版では、アプリケーションバーに統合されているので、この項目は存在しません。

③コントロールパネル

状況に応じて内容が切り替わる設定パネルです。現在選択しているツールやオブジェクトに合わせた項目が表示されます。初期設定では非表示になっていますが、[ウィンドウ]メニュー→[コントロール]を選択して表示します。

②アプリケーションバー

ワークスペースの切り替えやヘルプの検索などができるメニューがあります。最初のうちはあまり使わないので、単なるIllustratorのタイトルが表示されているエリアと思っていいでしょう。

④ツールパネル(ツールバー)・ドック(左)

編集作業の道具となる「ツール」が収められたパネルと、それを格納しているエリア(ドック)です。やりたいことに合わせて、ここからツールを持ち替えて作業します。

⑤ドキュメントウィンドウ

作業のためのウィンドウです。このエリアで実際の作業を行います。

⑥パネル・ドック(右)

機能のカテゴリーごとに設定項目などをまとめたパネルという小さなウィンドウと、それを格納しているエリア(ドック)です。パネルはドックから分離することもできます。

📖 パネルについて

パネルとは、機能ごとに設定項目などをまとめた小さなウィンドウのことです。色のことは「カラーパネル」、線のことは「線パネル」、文字のことは「文字パネル」というように、目的に応じて使い分けます。各種パネルは、[ウィンドウ]メニューから表示できます。

例えば、[ウィンドウ]メニュー→[カラー]を選択すると、「カラーパネル」が表示されます。パネル最上部のバーの右端にある二重の三角形アイコンをクリックすると、パネルをアイコン化でき、アイコンをクリックで元サイズに戻ります。パネル名のタブ

の左端にある上下矢印アイコンをクリックすると、内容の一部を隠したり表示したりできます。本来あるはずの設定項目が見当たらないときは、これをクリックしてみるとよいでしょう。パネル名のタブの右端に三本線がある場合は、これをクリックすると「パネルメニュー(フライアウトメニュー)」が開きます。ここからは、パネルの拡張的な機能やオプションなどを利用できます。また、パネル最下部にバーがあるものはこれをドラッグして大きさを変更できます。

パネルの基本的な使い方

アイコン化

パネルメニュー

オプションを隠す

グレースケール
RGB
HSB
✓ CMYK
Web セーフ RGB

反転
補色

新規スウォッチを作成...

ドラッグ

サイズ変更

省略表示

📖 パネルのスタックとグループ

パネル名のタブをドラッグして別パネルのタブに重ね、パネル全体に青枠が表示されたタイミングで放すと「スタック」という状態になり、タブが横並びで表示されます。タブをクリックすると、パネルの内容を切り替えられます。画面のスペースを節約したいときに便利です。また、同じように別パネルの上下左右いずれかに近づけ、青いラインが表示されたタイミングで放すと「グループ」という状態になり、パネルを並べて同時に表示できます。スタックやグループにしたパネルを分離するには、タブを外へドラッグします。

異なるパネルをひとつにまとめるスタックとグループ

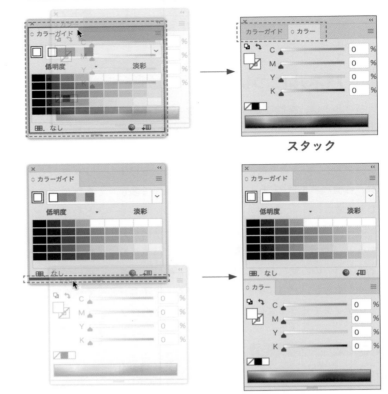

スタック

グループ

📖 パネルのフローティングとドッキング

画面の左端と右端は「ドック」と呼ばれるパネルを格納できるエリアになっており、パネルのタブをドラッグして近づけると、青いラインが表示されます。そこでドロップすると、そのエリアにパネルが固定されます。これを「ドッキング」と呼びます。逆に、ドックに固定されていない状態のパネルは「フローティング」と呼びます。ドッキングをフローティングに戻すときは、パネルのタブを画面中央へドラッグして引き出します。

パネルを自由に動かすフローティングとドックに固定するドッキング

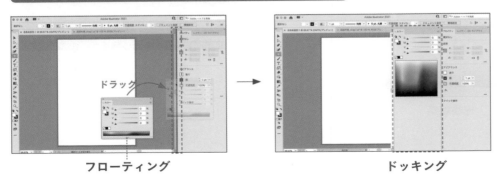

ドラッグ

フローティング

ドッキング

📖 「ツールパネル」について

「ツール」は、用途に応じた機能を持つ「道具」です。何か
を選択したいときは[選択ツール] ▶、長方形を作成したい
ときは[長方形ツール] ▢ というように、希望するアクショ
ンに応じて持ち替えて作業します。

画面の左端にドッキングされている「ツールパネル（ツー
ルバー）」には、ツール一式が格納されており、目的のツー
ルをクリックして持ち替えます。アイコンの右下に小さい
三角が表示されているものは、長押しすることでさらに別
のツールを選ぶことができます。なお、最初に起動した
Illustratorでは、一部のツールが隠されています。[ウィンド
ウ] メニュー→[ツールバー]→[詳細]を選択し、すべての
ツールを使える状態にしておきましょう。

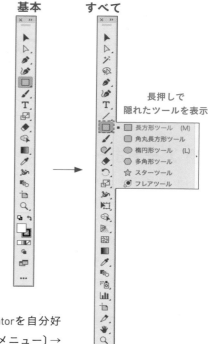

作業に応じたツールを選んで持ち替える

基本　　すべて

長押しで
隠れたツールを表示

☐ 長方形ツール　(M)
☐ 角丸長方形ツール
◯ 楕円形ツール　(L)
⬡ 多角形ツール
☆ スターツール
◎ フレアツール

📖 環境をカスタマイズする

最初に画面の色を変更したように、「環境設定」を使ってIllustratorを自分好
みの挙動にカスタマイズできます。[Illustrator] メニュー〔[編集] メニュー〕→
[環境設定]→[一般]を開くと、左側にカテゴリー、右側に設定項目が表示さ
れ、カテゴリーを選ぶと設定項目の内容が切り替わります。キーボードの矢
印キーを押したときに移動する距離や、選択の方法、アンカーポイントの表
示方式、文字についての挙動など、実に多くの設定項目がありますが、ひと
まずは初期設定で使っても問題ありません。使っているうちに何か不便を感
じたら、カスタマイズできるか環境設定を調べてみましょう。本書では、解
説の中で必要最低限な項目があればその都度言及しています。

環境設定ではさまざまな挙動を使いやすいようにカスタマイズ可能

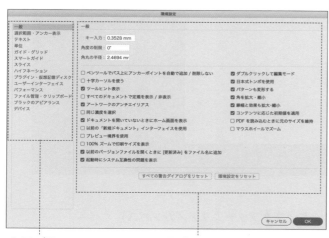

カテゴリー　　　　　　設定画面

03
Lesson 1

操作に必要な基本知識を
身につけよう

実際のデータを作成する前に、Illustratorを操作するために必要な基本知識を身に
つけておきましょう。効率的な作業をする上で欠かせない機能などを解説します。

📖 アートボードについて

Illustratorのドキュメントには、必ず1つ以上の「アートボード」があります。アートボードは、作業の基本となる用紙のようなエリアです。アートボードの外側でも作業はできますが、基本的にはこのアートボード内で行います。ちなみに、アートボード外の領域に正式な名称はありませんが、俗に「ペーストボード」「スクラッチエリア」「カンバス」などと呼ばれています。アートボードより少し大きい赤枠は「裁ち落とし」といい、印刷における「塗り足し」の範囲を示すエリアですが、最初のうちは特に気にしなくても大丈夫です。

◉塗り足しについてはP222を参照

ドキュメントには必ずアートボードが存在する

裁ち落としエリア   アートボード

アートボード外(ペーストボード／スクラッチエリア／カンバス)

アートボードを追加、削除する

アートボードの追加や削除には、2つの方法があります。1つ目は「アートボードパネル」を使う方法です。[ウィンドウ]メニュー→[アートボード]を選択して「アートボードパネル」を表示し、[新規アートボード]をクリックすると新しいアートボードを追加できます。パネルには、現在のアートボードが一覧表示されています。任意のアートボードを選択し、「アートボードパネル」の[アートボードを削除]をクリックすると削除できます。

2つ目は[アートボードツール] 🔲 を使う方法です。「ツールパネル」から[アートボードツール] 🔲 をクリックして選択し、ドキュメントの好きな場所をドラッグすると、その大きさに合わせたアートボードを作成できます。削除したい時は、任意のアートボードをクリックして選択したあと delete を押します。

「アートボードパネル」または[アートボードツール]を使用

「アートボードパネル」での操作

作業中のアートボードは
外枠の線が濃く表示される

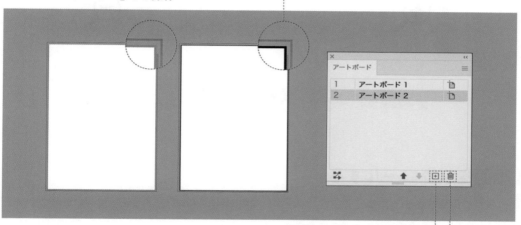

新規アートボードを追加

選択したアートボードを削除

[アートボードツール]での操作

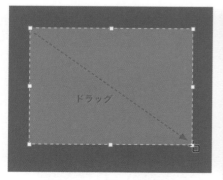

新規アートボードを作成

アートボードを選択

21

📖 画面の表示をズームする

　作業をしていると、細かいところを調整したり、逆に引きで全体を確認したりなど、画面表示の大きさを変えたいことがあります。この時に使うのが[ズームツール] 🔍 です。虫眼鏡にプラスマークが表示されたこのツールで任意の場所をクリックすると、そこを中心にズームインできます。逆に、ズームアウトしたいときは option (Alt)を押しながら

クリックします。また、左右にドラッグすることでリアルタイムに表示の倍率を変更する「スクラブズーム」も利用可能です。

　キーボードでも、 command (Ctrl) + shift + ⊞ でズームイン、 command (Ctrl) + ⊟ でズームアウトになります。

[ズームツール]で画面の表示倍率を変更できる

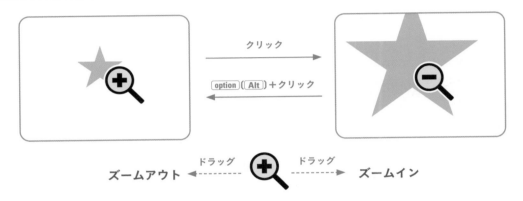

📖 画面をスクロールする

　画面の表示範囲を変更するには、ドキュメントウィンドウの右と下にあるスクロールバーをドラッグしますが、作業しながらこの方法を繰り返すのは非効率です。スクロールには[手のひらツール] ✋ を使いましょう。このツールでドキュメント内をドラッグすると、自由に画面をスクロールできます。

なお、どのようなツールを使っている最中でも、キーボードの space を押している間だけ一時的に[手のひらツール] ✋ に切り替わります。スクロールしたい時は、常に space を押しながらドラッグするように習慣づければ、わざわざ「ツールパネル」から[手のひらツール] ✋ を選ぶ必要すらありません。

画面のスクロールは[手のひらツール]を使うのが効率的

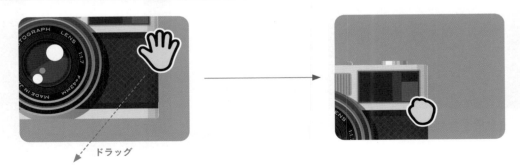

📖 単位を変更する

　Illustratorでは、物の大きさや座標などに使う数値の単位を選べます。[Illustrator]メニュー〔[編集]メニュー〕→[環境設定]→[単位...]を選択し、種類ごとの単位をメニューから選びます。

　図の大きさや座標などに使うのが[一般]です。[線]は線の太さなどで使います。[文字]は文字の大きさなど、[東アジア言語のオプション]は主に行送りなどに使われます。印刷物では[一般：ミリメー

トル][線：ポイント]、[文字]を[ポイント]か[級]にするのが一般的です。なお、[文字：級]とした時は[東アジア言語のオプション：歯]にしておくとよいでしょう。級と歯は、同じサイズを表すので統一的に作業ができます。Webサイトなどのデジタルメディアではすべてを[ピクセル]にしておくとよいでしょう。ちなみに、多くの場合において[ポイント]と[ピクセル]は同じ値になります。

用途によって数値の単位を使い分ける

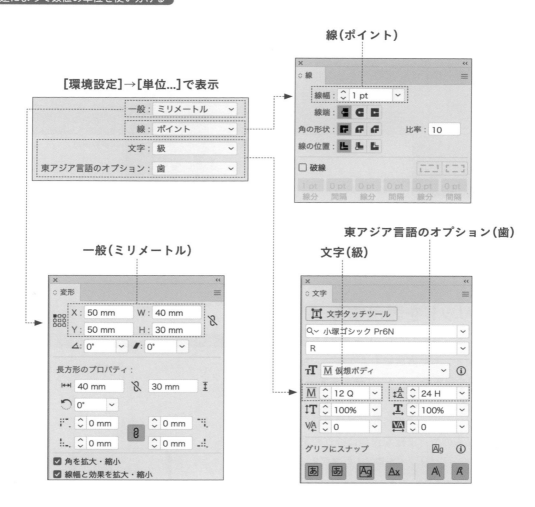

線（ポイント）

[環境設定]→[単位...]で表示

東アジア言語のオプション（歯）

文字（級）

一般（ミリメートル）

📖 定規を表示する

[表示] メニュー→ [定規] → [定規を表示] を選択すると、ドキュメントウィンドウの左と上に定規が表示されます。現在 [一般] の項目で使っている単位に合わせた目盛りと数字が表示され、物の大きさや座標を確認できます。定規には「ウィンドウ定規」と「アートボード定規」があり、どちらかを選んで使います。見た目が同じなので分かりづらいですが、初期設定はウィンドウ定規になっており、ドキュメント全体を通した目盛りが表示されます。一方でアートボード定規は、選択したアートボードによって目盛りが切り替わります。アートボードの左上が原点です。アートボード内での座標を使いたい時はこちらを選びます。

定規を右クリックするか、[表示] メニュー→ [定規] を開き、[ウィンドウ定規に変更] [アートボード定規に変更] を選択してそれぞれを入れ替えます。

「ウィンドウ定規」と「アートボード定規」

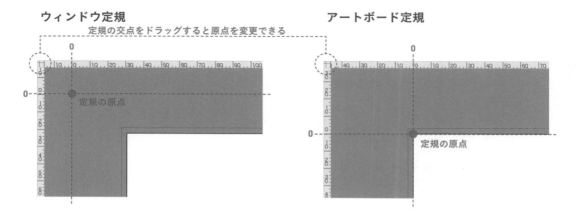

ウィンドウ定規

アートボード定規

📖 グリッドを表示する

[表示] メニュー→ [グリッドを表示] を選択すると、ドキュメントに方眼紙のようなマス目が表示され、作図や配置の目安として使えます。[表示] メニュー→ [グリッドにスナップ] を選んでチェックをオンにしておくと、図形などがマス目に吸着するようになるので、正確な作業に役立ちます。[表示] メニュー→ [グリッドを隠す] を選択すると表示を消せます。マス目の大きさなどは、[Illustrator] メニュー（[編集] メニュー）→ [環境設定] → [ガイド・グリッド...] の設定で変更できます。

垂直、水平などの正確な線が簡単に作成できるグリッド

グリッド

📖 アウトライン表示

当たり前ですが、図などを作る時は最終的な仕上がりと同じ状態を見ながら作業できます。これを「プレビュー表示」と呼びます。一方、データの構造（骨組み）がどのような状態になっているかを作業中に確認したいことがあります。この時に使うのが「アウトライン表示」です。

作業中に［表示］メニュー→［アウトライン］を選ぶと、外観の装飾が一切ない骨組みだけの表示ができます。［表示］メニュー→［プレビュー］を選ぶと元のプレビュー表示に戻ります。複雑なイラストを作っている時などには、アウトライン表示を併用しながら作業することも少なくありません。

アウトライン表示はプレビューでわからないオブジェクトの構造を確認可能

プレビュー　　　　　　　　　　　　　　アウトライン

📖 Webデザインで役立つピクセルプレビュー

Illustratorの最大の特徴は、ベクターを基本としたデータ作りですが、Webデザインでは、最終的にベクターをラスターに変換して書き出しすることも少なくありません。この時、とても細かいレベルでピクセルがどのように表示されるかを確認しながら作業したいことがあります。

ベクターでは、拡大表示しても滑らかなままですが、［表示］メニュー→［ピクセルプレビュー］を選択すると、表示倍率100％を基準としたラスター状態の表示になります。再び［表示］メニュー→［ピクセルプレビュー］を選択すると元の表示に戻ります。

○書き出しについての詳細はP216を参照

ラスターでの状態を確認できるピクセルプレビュー

プレビュー　　　　　　　　　　　　ピクセルプレビュー

📖 ワークスペースを保存する

作業をしているうちに、表示しているパネルの数が多くなったり、位置がバラバラで散らかってきたりします。このような事態に備えて「ワークスペース」を活用しましょう。

まず、自分で使いやすいようにパネルの位置や画面構成を整理します。[ウィンドウ]メニュー→[ワークスペース]→[新規ワークスペース...]を選

択し、名前をつけて保存します。これで、[ウィンドウ]メニュー→[ワークスペース]の項目に、オリジナルの画面構成を登録できます。作業をしてパネルなどが散らかってきたら、[ウィンドウ]メニュー→[ワークスペース]→[(ワークスペース名)をリセット]で保存した時の状態に戻すことが可能です。

現在の画面構成を保存

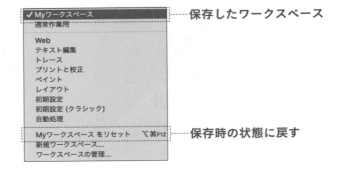

保存したワークスペース

保存時の状態に戻す

📖 キーボードショートカットのすすめ

作業をしていると、メニューから操作を選択することが多くなります。もちろんそれでも問題ないですが、毎回メニューを開いて項目を選択するのは面倒です。一部の操作には「キーボードショートカット」が割り当てられており、キーボードで指定のキーを押すと、メニューから操作を選択した時と同じ動作を実行できます。例えば、[編集]メニュー

→[コピー]の操作は、command([Ctrl])を押しながらCを押せば実行できます。ショートカットが割り当てられている操作は、メニュー項目の右側にキーの組み合わせが記されています。ちなみに、[編集]メニュー→[キーボードショートカット]を選ぶと、ショートカットキーをカスタマイズすることも可能です。

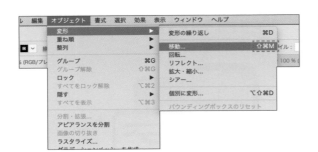

[オブジェクト]メニュー→[変形]→[移動...]

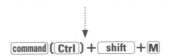

Lesson 2
オブジェクトとパス

この章では、オブジェクトの概念とパスの構造、選択や編集方法の基本について学習します。実際に図形を作成、編集する前に、まずはIllustratorで扱うベクターのデータがどのような造りになっているかを知っておくことが大切です。すべての作業の前提となる知識も多く含まれているので、これらを理解した上で、選択や編集に必要な機能を覚えていきましょう。

Illustratorのデータについて知ろう

Study 01 Lesson 2

Illustratorを扱う上で、「パス」の仕組みと「オブジェクト」の概念について理解することは不可欠です。しっかりと把握しておきましょう。

📖 パスについて

Illustratorで図形を作成する時、そのほとんどで「パス」と呼ばれるラインを使って形を定義します。例えば、[長方形ツール]▣で長方形を作成することは、長方形のパスを作るのと同じことを指します。

パスは、基本的に下図のような構造になっています。連続する「アンカーポイント」という点と点の間を「セグメント」というラインで繋いでおり、ア

ンカーポイントから伸びる最大2つの「ハンドル（方向点と方向線）」に引っ張られるようにセグメントが湾曲します。ハンドルはセグメントの形を定義するためだけのもので、選択した時以外は実体として表示されません。ハンドルがないとセグメントは直線になります。

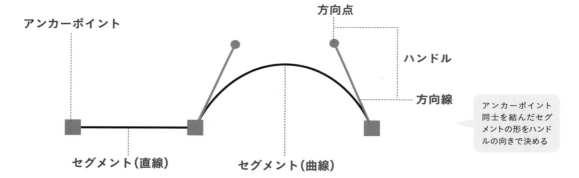

パスの構造

方向点

アンカーポイント

ハンドル

方向線

セグメント（直線）　　セグメント（曲線）

アンカーポイント同士を結んだセグメントの形をハンドルの向きで決める

📖 オープンパスとクローズパス

パスには「始点」と「終点」のアンカーポイントがあります。これらが連結されてないものを「オープンパス」、連結されてループ状になっているものを「クローズパス」と呼びます。

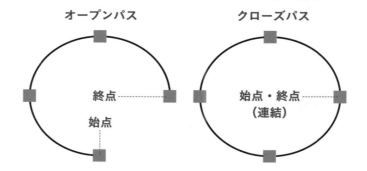

始点と終点のアンカーポイントが連結されているかで呼び名が変わる

オープンパス　　　　　クローズパス

終点

始点

始点・終点
（連結）

スムーズポイントとコーナーポイント

アンカーポイントは、最大2つの方向線を持ちます。この2つの方向線の形によって、パスのコーナーの形状が変わります。2つの方向線が一直線になっている時は「スムーズポイント」となり、滑らかな曲線になりますが、方向線が折れ曲がっている時は「コーナーポイント」となり、尖った角になります。

スムーズポイントは滑らかな曲線・コーナーポイントは尖った角

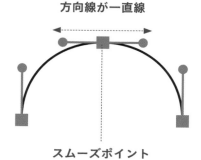

方向線が一直線

スムーズポイント

方向線に角がある

コーナーポイント

オブジェクトについて

Illustrator上で扱うすべてのものは、「オブジェクト」と呼ばれます。パスで作られた形は「パスオブジェクト」、文字は「文字オブジェクト」、画像は「画像オブジェクト」というように、オブジェクトという言葉がでてきたら、Illustrator上にある何かのデータを指していると考えてよいでしょう。

Illustrator上のデータはすべて「オブジェクト」

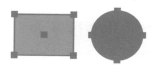

パスオブジェクト

TYPOGRAPHY

文字オブジェクト

画像オブジェクト

オブジェクトの順番

Illustratorで作業する時は、複数のオブジェクトを作って目的のものを作ることがほとんどです。この複数のオブジェクトには「重なり」が存在します。例えば、2つの長方形を同じ位置に配置した時、重なりによってどちらかが前面、どちらかが背面になります。これをオブジェクトの「重ね順」と言います。重ね順は自由に変更できますが、これらのコントロールが作図のポイントにもなるので、ぜひ覚えておきましょう。

複数のオブジェクトには前後関係が存在

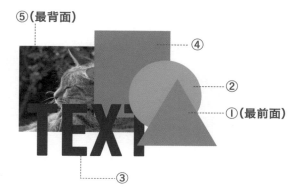

⑤(最背面)
④
②
①(最前面)
③

02
Lesson 2

オブジェクトを作ろう

パスの仕組みとオブジェクトの概念を覚えたら、まずは基本的な作図用のツールを使って実際にオブジェクトを作成してみましょう。

基本図形のツールについて

基本的な図形は、あらかじめ用意されているツールを使って簡単に作成できます。[長方形ツール] ▫ [楕円形ツール] ◯ [角丸長方形ツール] ▫ [多角形ツール] ⬡ [スターツール] ☆ [フレアツール] ◉ がこれにあたります。

[角丸長方形ツール] ▫ [フレアツール] ◉ は、あまり使う機会がありませんが、それ以外のツールは頻繁に使うことになるので、基本的な使い方を覚えておきましょう。

◉ ツールがパネル上に見当たらない場合はP.19を参照

「ツールパネル」で[長方形ツール]を長押しするとすべてのツールを表示

ツール
▫ 長方形ツール (M)
▫ 角丸長方形ツール
◯ 楕円形ツール (L)
⬡ 多角形ツール
☆ スターツール
◉ フレアツール

基本図形を描画するツール

📖 長方形や楕円形を作成する

ツールを使って、実際に長方形や楕円形を作ってみましょう。[長方形ツール] ▫ または [楕円形ツール] ◯ でドキュメント上をドラッグすると、自由な大きさの長方形や楕円形を作成できます。ドラッグ

中に shift を押しておくと、縦横比率が一定になり、正方形や正円になります。また、ドラッグ中に option 〔 Alt 〕を押しておくと、中央から広がるように作成できます。

ツールでドラッグするのが描画の基本

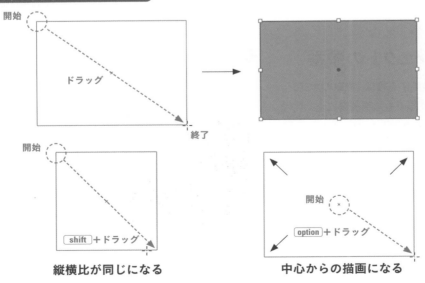

開始 → ドラッグ → 終了

開始 shift ＋ドラッグ
縦横比が同じになる

開始 option ＋ドラッグ
中心からの描画になる

📖 多角形や星形を作成する

多角形は［多角形ツール］◉、星形は［スターツール］★を使います。基本的には、［長方形ツール］▢や［楕円形ツール］◉と同じくツールでドラッグして作成します。ドラッグ中にキーボードの▲▼を押すと、多角形の角や星のギザギザの数を変更できます。異なる点としては、 shift は縦横比ではなく角度の固定、 option （ Alt ）を押さなくても中央から広がるような描画になることです。さらに、［スターツール］★では、 command （ Ctrl ）を押している間ギザギザの大きさを調整することもできます。

Lesson 2 ｜ Study ｜ Try ｜ オブジェクトとパス

ドラッグ中に修飾キーを組み合わせて角の数や形を変更

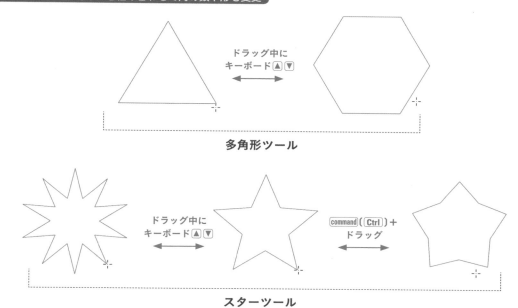

ドラッグ中に
キーボード▲▼

多角形ツール

ドラッグ中に
キーボード▲▼

command （ Ctrl ）+
ドラッグ

スターツール

📖 数値で正確に図形を作成する

図形を作成する際、ドラッグではなく、ドキュメント上をクリックすることで、それぞれのツールに応じた数値入力のダイアログが表示されます。ここで任意の値を設定することで、数値を使った正確な図形の作成も可能です。

クリックで数値を使った正確な作図が可能

クリック

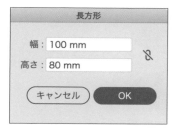

長方形

幅：100 mm
高さ：80 mm

キャンセル　OK

数値入力ダイアログ

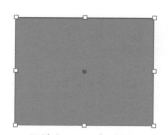

正確なサイズで描画

📖 基本図形以外のオブジェクトを作成する

基本図形以外のオブジェクトを作成するツールとして、[直線ツール] ✐ [円弧ツール] ✐ [スパイラルツール] ◉ [長方形グリッドツール] ⊞ [同心円グリッドツール] ⊛ があります。基本的な使い方は基本図形のツールと同じく、ドラッグかクリックの数値入力です。また、[直線ツール] ✐ 以外はドラッグ中に ▲ ▼ や ◀ ▶ を押すことで、円弧の膨らみや渦巻の数、グリッドの数などを変化できます。

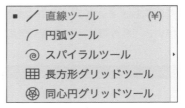

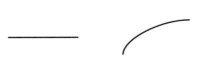

| 直線ツール | 円弧ツール | スパイラルツール | 長方形グリッドツール | 同心円グリッドツール |

📖 ライブシェイプについて

[長方形ツール] ▣ や [直線ツール] ✐ など、一部のツールで作成したオブジェクトは「ライブシェイプ」という状態になっています。ライブシェイプは、形や角度などを後からフレキシブルに変更できるのが特徴です。例えば、長方形の角を丸くする、楕円形に切り込みを作る、多角形の角の数を変える、直線の角度を変えるといったことが可能です。ライブシェイプの機能が使えるかどうかは、「変形パネル」にプロパティが表示されているかどうかで判断できます。

「変形パネル」かバウンディングボックスで設定を変更可能

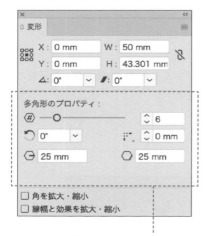

ライブシェイプを選択した時は「変形パネル」のこのエリアにプロパティ（設定項目）が表示される

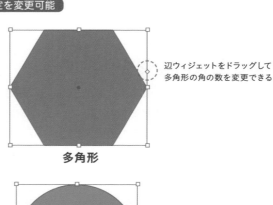

辺ウィジェットをドラッグして多角形の角の数を変更できる

多角形

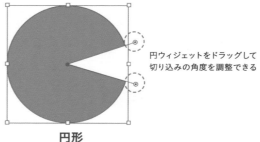

円ウィジェットをドラッグして切り込みの角度を調整できる

円形

📖 角丸を自由に変更できるライブコーナー

オブジェクトを選択したあと[ダイレクト選択ツール] 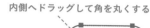 に切り替えると、図形のコーナーに二重丸マークが表示されます。これは「コーナーウィジェット」と呼び、図形の内側へドラッグすると、コーナーを丸めることができます。ダブルクリック

すれば、数値で半径を指定したり、コーナーの形状を変えたりできるダイアログが表示できます。

[表示]メニュー→[コーナーウィジェットを表示／隠す]で、表示と非表示を切り替え可能です。

コーナーウィジェットをドラッグして角丸を調整

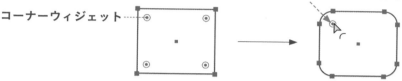

コーナーウィジェット

内側へドラッグして角を丸くする

📖 自由なパスを描く

ツールで作れる基本図形以外の自由なオブジェクトを描くには、手動でパスを作ることになります。この時に使うのが、[鉛筆ツール] ✏️ や[ペンツール] 🖊️ です。[鉛筆ツール] ✏️ はフリーハンドで自由な形のパスを作成できますが、正確な曲線を描くの

には向いていません。正確な曲線パスを作成する時は、[ペンツール] 🖊️ を使います。[ペンツール] 🖊️ は、きれいなラインを作成するには欠かせません。少し慣れが必要でハードルが高く感じるかもしれませんが、マスターしておきたいツールです。

綺麗なラインは[ペンツール]を使って描くのが基本

鉛筆ツールで描いたパス

ペンツールで描いたパス

📖 曲線ツールを使う

[ペンツール] 🖊️ で曲線を描くにはハンドル操作などの慣れが必要ですが、[曲線ツール] 🖊️ を使えばクリックだけできれいな曲線が描けます。[ペンツール] 🖊️ では、クリックのみでパスを作成するとすべて直線になりますが、[曲線ツール] 🖊️ では、セグメントが自動で滑らかな曲線になっていきます。アン

カーポイントをダブルクリックすると、スムーズポイントとコーナーポイントの切り替えもできるので、曲線と角が混在するパスも作成可能です。ハンドルを使った細かい調整はできませんが、簡単に曲線を描きたい時には役立ちます。

クリックとダブルクリックのみで曲線を使った図が作成できる

クリック

クリック

クリック

スムーズポイント

コーナーポイント

選択中のポイント

Study

03

Lesson 2

オブジェクトを選択しよう

オブジェクトを編集する時は、まず対象となるものを選択することから始まります。選択の基本を覚えて効率的な作業をしましょう。

📖 選択とは

何らかの編集を行いたい時は、事前に編集の対象となるオブジェクトを指定する必要があります。この、対象を指定する行為が「選択」です。例えば、3つの円形のうちひとつだけカラーを変えたい時は、最初にその円形を「選択」してから、カラーを編集する作業を行います。オブジェクトを選択すると、パスの形や普段は見えないアンカーポイントなども着色表示され、選択していることが分かるようになっています。

効率的な選択は効率的な作業の第一歩です。複数ある方法を使い分けて、うまく選択ができるようになりましょう。

選択は編集の対象となるオブジェクトを事前に指定する行為

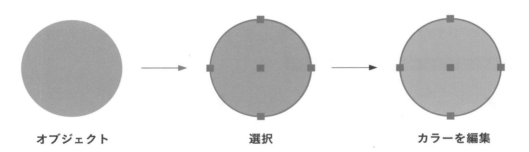

オブジェクト　　　　　　　選択　　　　　　　カラーを編集

📖 選択に使うツール

選択に使うツールは、主に[選択ツール] ▶ [ダイレクト選択ツール] ▷ [グループ選択ツール] ▷＋ の3つです。この他にも[自動選択ツール] や[なげなわツール] などがありますが、使う機会が少ないので、まずは前者の3つのツールだけを覚えておけばよいでしょう。それぞれのツールは、選択できる対象が異なるので、ケースによって使い分けが必要です。

最もよく使う選択系ツール3種

選択ツール　　　ダイレクト選択ツール　　　グループ選択ツール

📖 オブジェクト単位で選択する

すべての選択の基本、オブジェクトを選択する時は[選択ツール] ▶ か[グループ選択ツール] ▷ を使います。対象オブジェクトのどこかをクリックすれば、オブジェクト単体を選択できます。2つのツールの違いは、グループ単位の選択ができるかどうかですが、基本的には[選択ツール] ▶ をメインで使うとよいでしょう。選択を解除するには、オブジェクトがない空白をクリックするか、[選択]メニュー→[選択を解除]を選択します。また、キーボードの command（Ctrl）＋ shift ＋ A でも解除可能です。

[選択ツール]は、ツールを使った選択の基本

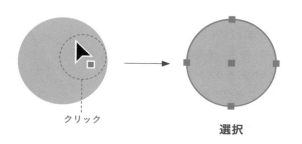

クリック

選択

📖 複数のオブジェクトを選択する

複数のオブジェクトを選択する時は、2つ目以降のオブジェクトを shift を押しながらクリックして選択に加えていきます。すでに選択されているオブジェクトを shift ＋クリックすると、選択から除外できます。また、何もない場所から[選択ツール] ▶ でドラッグを開始すると、マーキーという枠が表示されます。マーキーに触れたオブジェクトはすべて選択できるため、オブジェクトの一部が触れるよう囲むことで、一気に複数のオブジェクトを選択できます。

shift＋クリックで選択に追加するか、ドラッグで一気に選択

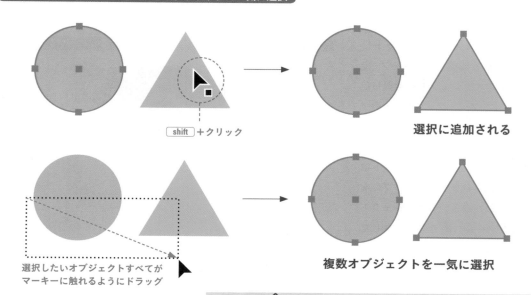

shift ＋クリック

選択に追加される

選択したいオブジェクトすべてがマーキーに触れるようにドラッグ

複数オブジェクトを一気に選択

memo 🖊

■共通項目を使った選択

[選択]メニュー→[共通]の中から希望のものを選ぶと、現在選択しているオブジェクトと同じ属性（カラーや線幅など）のオブジェクトをすべて選択することができます。この機能を使えば、同じカラーを一度に変更したり、同じ線幅を一気に変更するなどの作業が効率的に行えます。

📖 アンカーポイントやセグメントだけを選択する

　アンカーポイントやセグメントな
ど、オブジェクトの一部分だけを選択
する時は[ダイレクト選択ツール] ▷
を使います。例えば、長方形オブジェ
クトの左上のアンカーポイントだけを
狙って選択する時などです。基本的
な使い方は[選択ツール] ▶ と同じ
で、対象をクリックするか、ドラッグ
しながらマーキーで囲むようにして選
択します。オブジェクト自体の形を変
える時などは、この[ダイレクト選択
ツール] ▷ が活躍します。

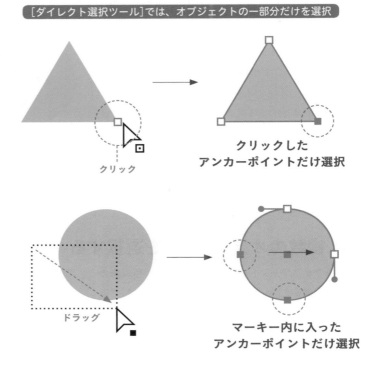

[ダイレクト選択ツール]では、オブジェクトの一部分だけを選択

クリック

クリックした
アンカーポイントだけ選択

ドラッグ

マーキー内に入った
アンカーポイントだけ選択

📖 グループについて

　複数のオブジェクトを1セットに
してまとめる機能が「グループ」で
す。複数のオブジェクトを選択した
状態で、[オブジェクト]メニュー→
[グループ]を実行するか、ショート
カットキーの command (control) ＋ G
を押すと、それらのオブジェクトは
グループ化されます。グループにな
ると、どれかひとつのオブジェクト
を[選択ツール] ▶ でクリックした
だけで、グループ化したオブジェク
トすべてを一度に選択できます。
　グループを解除するには、グルー
プを選択した状態で[オブジェクト]
メニュー→[グループ解除]を選択、
または、 command (control) ＋ shift
＋ G を押します。

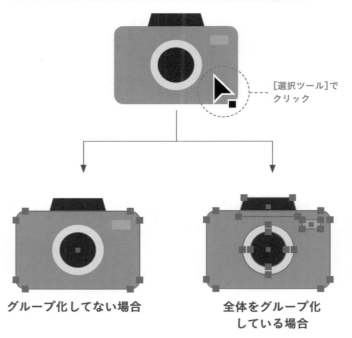

グループ化したオブジェクトは[選択ツール]で一気に選択可能

[選択ツール]で
クリック

グループ化してない場合

全体をグループ化
している場合

📖［グループ選択ツール］の役割

　［グループ選択ツール］🔘 は、一見すると［選択ツール］▶ とまったく同じ挙動をしますが、グループを無視してオブジェクト単位の選択をできる点が異なります。さらに、すでに選択してあるオブジェクトをもう一度クリックすることで、そのオブジェクトが所属するグループ全体を選択する機能もあります。

　ただし、次の項で解説する「編集モード」を使えば、［グループ選択ツール］🔘 の出番は極端に少なくなります。慣れれば便利なツールですが、無理に使わなくても支障はありません。

［選択ツール］と［グループ選択ツール］の違い

全体をグループ化したオブジェクト

［選択ツール］でクリック　　　　　［グループ選択ツール］でクリック

グループ全体が選択　　　　　オブジェクト単体が選択

📖 編集モードを使ってグループ内を選択する

　グループ化されたオブジェクトのどれかひとつを［選択ツール］▶ でダブルクリックすると、「編集モード」と呼ばれる状態になります。このモードの時は、一時的に［選択ツール］▶ でオブジェクト単位の選択ができるようになります。また、対象グループ以外のオブジェクトは淡色表示になって選択できなくなり、グループ内のオブジェクトだけを集中して選択できます。「編集モード」を解除するには、esc を押すか、何もない場所をダブルクリックします。編集モードを使えるようにするには、［Illustrator］メニュー（［編集］メニュー）→［環境設定］→［一般...］で［ダブルクリックして編集モード］をチェックしておく必要があります。

一時的にグループを解除したような編集が可能

全体をグループ化したオブジェクト

グループを選択ツールでダブルクリック

編集モードへ移行

04

Lesson 2

オブジェクトを移動、複製しよう

オブジェクトの移動や複製は、編集作業の中で基本中の基本です。目的に沿った使い分けができるようにしておくことが大切です。

📖 オブジェクトを移動、複製する

　移動の最も基本的な操作は、選択したオブジェクトを[選択ツール]▶でドラッグ＆ドロップすることです。ドロップした位置へ自由にオブジェクトを移動できます。なお、ドロップするとき option（ Alt ）を同時に押していると、移動する前のオブジェクトが残った状態になり、ドロップ先に複製が作られます。この方法は「ドラッグコピー」や「移動複製」などと呼ばれています。また、ドラッグ中に shift を押しておくことで、移動の方向を45°単位に固定できます。垂直水平方向へ正確に移動や複製するときは、この方法を使いましょう。さらに、キーボードの矢印キーを使っても移動可能です。

ドラッグで移動、option（Alt）＋ドラッグで複製

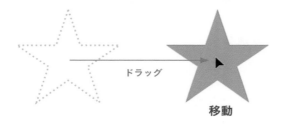

ドラッグ　　移動

option（ Alt ）＋ドラッグ　　複製

📖 数値を使った移動や複製

　数値を使って正確にオブジェクトを移動、複製する時は、オブジェクトを選択した状態で「ツールパネル」の[選択ツール]▶や[ダイレクト選択ツール]▷をダブルクリックするか、command（ Ctrl ）＋ shift ＋Mを押して、「移動」ダイアログを表示します。数値を入力して[OK]をクリックするとオブジェクトが移動します。

　[水平方向]では、プラス値で右方向、マイナス値で左方向へ動きます。[垂直方向]では、プラス値で下方向、マイナス値で上方向です。また、[OK]ではなく[コピー]をクリックすると複製になります。

[OK]ボタンで移動、[コピー]ボタンで複製

移動

位置
水平方向：-20 mm
垂直方向：30 mm

移動距離：36.056 mm

角度：　-123.69°

オプション
☑ オブジェクトの変形　☐ パターンの変形

☐ プレビュー

コピー　　キャンセル　　OK

📖 コピー（カット）&ペーストによる複製

オブジェクトを選択し、[command]（[Ctrl]）+ [C]でコピーしたあと、[command]（[Ctrl]）+ [V]でペーストすると、オブジェクトの複製が画面中央に現れます。これがコピー&ペーストです。コピーしたオブジェクトは、次に別のものをコピーするまでクリップボードという目に見えない領域に残っているので、[command]（[Ctrl]）+ [V]を押すごとにいくらでも複製を配置できます。

また、最初に[command]（[Ctrl]）+ [C]ではなく[command]（[Ctrl]）+ [X]とすることで、選択オブジェクトを削除しながらクリップボードに取り込みます。その後、コピーの時と同様に[command]（[Ctrl]）+ [V]でペーストできます。こちらはカット&ペーストと呼ばれます。

一度コピーやカットしたオブジェクトはいくらでもペースト可能

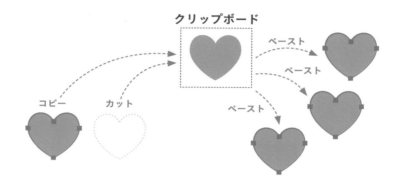

📖 選択オブジェクトの前面や背面にペーストする

コピーやカットしたオブジェクトは、特定のオブジェクトの前面、または背面どちらかを狙ってペーストできます。コピー（カット）したあと、何らかのオブジェクトを選択し、[command]（[Ctrl]）+ [F]を押すと、選択オブジェクトのひとつ前面にペーストされます。同じく、[command]（[Ctrl]）+ [B]を押すと、ひとつ背面へのペーストになります。これらは「前面にペースト」「背面にペースト」と呼ばれる機能です。通常のペーストは表示画面の中央に配置されますが、これらはコピー（カット）したときと同じ座標に配置されるのも特徴です。作業に慣れてくるとよく使う機能なので覚えておくとよいでしょう。

選択したオブジェクトの前面、背面にペーストできる

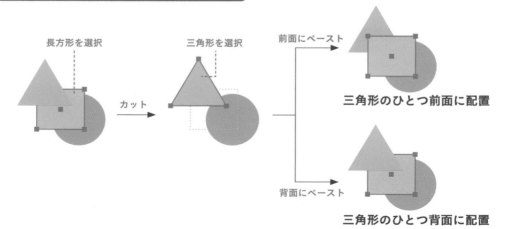

📖 複数オブジェクトを正確に揃える

　複数のオブジェクトを正確な位置で揃えるときは、「整列パネル」を使います。例えば、3つある長方形を上端で揃えたいときは、オブジェクトすべてを選択し、「整列パネル」の[整列]の下にあるアイコンをクリックして[選択範囲に整列]を選んでから、[垂直方向上に整列]をクリックします。[整列]の項目が表示されていない場合は、パネルメニューから[オプションを表示]を選択します。このように、揃えたい位置に対応したボタンをクリックすることで、正確にオブジェクトを揃えることが可能です。

オブジェクト同士を正確に揃えるときは「整列パネル」を使用

整列前

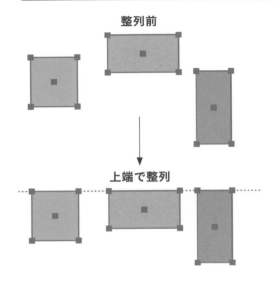

上端で整列

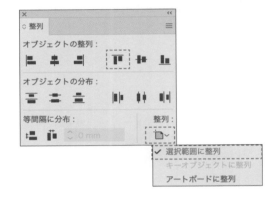

📖 スナップ機能を使う

　オブジェクトをドラッグで移動しているとき、カーソルを別オブジェクトのアンカーポイントに近づけると、磁石のように吸着します。これが「スナップ」機能です。オブジェクトを移動するとき、[選択ツール] ▶ などで任意のアンカーポイントを掴みドラッグしてこの機能を使えば、別オブジェクトのアンカーポイントときっちり重ねることができます。正確な作業のためには重要な機能です。

掴んだアンカーポイントを別のアンカーポイントに近づけるとスナップが機能

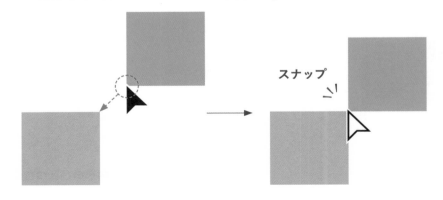

スナップ

📖 ガイドを使う

オブジェクトを正確な位置へ揃えるときは「ガイド」が役立ちます。[表示]メニュー→[定規]→[定規を表示]を選択し、ウィンドウの左と上に表示された定規からドラッグして引き出すことで、水平、垂直のガイドを作成できます。また、パスオブジェクトを選択した状態で、command（Ctrl）+5 を押すと、

パスをガイドに変換できます。ガイドは全体でスナップ機能が働くため、一定の箇所に正確な配置をするときに便利な機能です。あくまで配置を補助するためのものですので、普段は水色の蛍光色で表示されていますが、書き出し画像や印刷などに現れることはありません。

`定規から引き出して任意の場所に配置するか、パスを変換してガイドを作成`

定規からガイドを作成

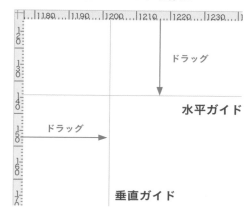

ドラッグ

水平ガイド

ドラッグ

垂直ガイド

パスオブジェクトをガイドへ変換

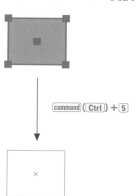

command（Ctrl）+5

📖 スマートガイド機能を使う

[表示]メニュー→[スマートガイド]を選択し、「スマートガイド機能」を有効にすることで、オブジェクトのパスや中心点など、アンカーポイント以外のさまざまなものに対してピンク色のガイドが表示されるようになります。オブジェクトの移動中も、垂直水平方向や他オブジェクトとの整列位置な

どにガイドが表示されるので、正確な配置に役立ちます。ただ、細かい作業では邪魔になることもあるので、オンオフ切り替えのショートカットキーであるcommand（Ctrl）+U を使って、必要な時だけ使うようにするとよいでしょう。

`作業に応じたさまざまなガイドが利用可能`

現在の選択対象を表示

別オブジェクトとの整列位置を揃える

オブジェクトを編集しよう

Study 05 Lesson 2

オブジェクト自体の大きさや形を変える編集作業はとても大切です。基本的な編集方法をマスターして、希望の形を作れるようになりましょう。

オブジェクトを変形する

[拡大・縮小ツール] [回転ツール]  [リフレクトツール] [シアーツール] 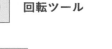 を使うと、オブジェクトの大きさや角度、向き、傾斜を変えることができます。基本的な使い方は全ツール同じで、対象のオブジェクトを選択してドラッグするだけです。また、ドラッグ中に shift を併用することで、オブジェクトの縦横比率を保ったり、一定の角度に固定したりしながら変形できます。

オブジェクトを変形する4つの基本的なツール

拡大・縮小ツール

回転ツール

リフレクトツール

シアーツール

変形の基準点を指定する

オブジェクトを変形をするツールに切り替えた時、選択したオブジェクトの中心に水色の照準マークが表示されます。これが変形の基準点です。各ツールでは、この基準点を中心に変形が実行されます。変形のためのドラッグを開始する前に任意の場所をクリックすると、基準点の位置を変更できます。

 基準点によって変形の中心が変わる

変形の基準となる位置
（基準点）

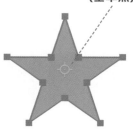

変形前にクリックして
基準点を変更

📖 数値を使って正確に変形する

各ツールでクリックして基準点を指定する時、同時に option（Alt）を押しておくことでダイアログが開き、数値を使った正確な変形ができます。または、「ツールパネル」上の各ツールをダブルクリック することでも、数値入力のダイアログ開くことが可能です。この場合は、自動的に選択範囲の中心が基準点になります。

ダイアログを使うと数値入力で正確に変形

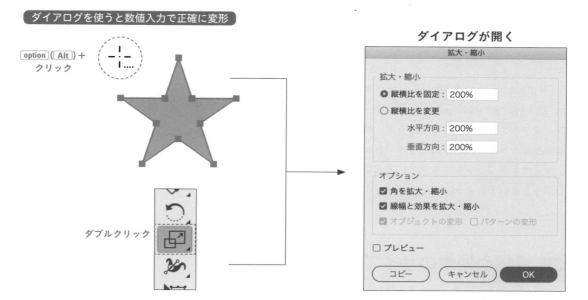

ダイアログが開く

📖 「変形パネル」を使う

選択したオブジェクトは、「変形パネル」を使うことでも位置や大きさ、角度、傾斜を変更できます。選択したオブジェクトがライブシェイプの場合、「変 形パネル」には、シェイプの属性を変更するためのプロパティも表示されます。

さまざまな変形を素早く実行できる「変形パネル」

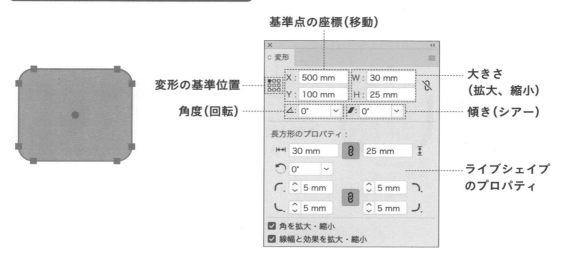

📖 バウンディングボックスについて

[選択ツール] ▶ を選んでいる時、選択したオブジェクトの周囲に表示される大きな枠のことを「バウンディングボックス」と呼びます。周囲には合計8つの「ハンドル」という白い小さな正方形があり、これらをドラッグすると簡単にオブジェクトを拡大、縮小できます。また、ハンドルからカーソルを少しだけ離し、湾曲した両矢印アイコンになったところでドラッグすると、オブジェクトを回転できます。

[表示] メニュー→[バウンディングボックスを表示 (隠す)]、または、command (Ctrl) + shift + B で、オンオフの切り替えができます。細かい作業では邪魔になったり、アンカーポイントが表示されないなどのデメリットもあるので、適宜切り替えながら使うとよいでしょう。

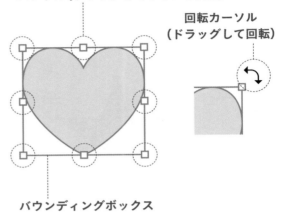

バウンディングボックスで、拡大、縮小、回転を直感的に操作

ハンドル(ドラッグしてサイズを変更)

回転カーソル（ドラッグして回転）

バウンディングボックス

📖 線幅や効果のサイズなどを維持した変形

オブジェクトを拡大、縮小する時には、線幅などを連動して変形するかを選択できます。これらは、「変形パネル」最下部にある [角を拡大・縮小] と [線幅と効果を拡大・縮小] のチェックで切り替え可能です。また、数値入力のダイアログでも同様のオプションがあります。

オンの場合は拡大や縮小の倍率に連動してそれぞれも変わりますが、オフの場合は変更されずに変形前の値が維持されます。必要に応じて切り替えながら使いましょう。

「変形パネル」やダイアログのチェックボックスで連動を切り替え

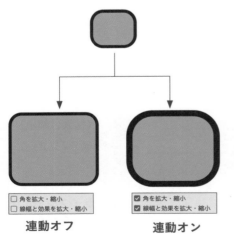

連動オフ　　　　　連動オン

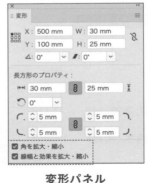

変形パネル

ダイアログ

パスを編集する

Illustratorでは、パスの形を思うように編集する作業は避けて通れません。パスの形は、アンカーポイントとハンドル（方向線と方向点）によって制御するので、これらを操作する方法を覚えましょう。初めは少し敷居が高いですが、慣れれば希望する形を自由に作れるようになり、表現の幅もぐっと広がります。

パスの編集の基本操作

操作	画面	概要
アンカーポイントを増やす	クリック ［オブジェクト］メニューで追加	［アンカーポイントの追加ツール］でセグメント上の任意の点をクリックすると、その位置に新しいアンカーポイントを追加できる。または、オブジェクトを選択して［オブジェクト］メニュー→［パス］→［アンカーポイントの追加］ですべてのセグメントの中央にアンカーポイントが追加される。
アンカーポイントを減らす	クリック delete で削除	［アンカーポイントの削除ツール］で任意のアンカーポイントをクリックするか、削除したいアンカーポイントを選択した状態で［オブジェクト］メニュー→［パス］→［アンカーポイントの削除］を実行する。なお、delete でも選択したアンカーポイントを削除できるが、この方法では隣接するセグメントが同時に削除されてしまう。
アンカーポイントを移動する	ドラッグ	［ダイレクト選択ツール］で、任意のアンカーポイントを選択してからドラッグすると移動できる。複数のアンカーポイントが選択されている時は、すべてが同時に動く。このように、アンカーポイント単位で移動することで、パスの形を変えられる。
曲線のセグメントを編集する	ドラッグ　ハンドル	曲線のセグメントを［ダイレクト選択ツール］でクリックして選択すると、両端（または片方）のアンカーポイントに「ハンドル」が表示される。ハンドルの先端の丸（方向点）をドラッグすると、曲線の形を調整できる。
コーナーポイントをスムーズポイントにする	ドラッグ	［アンカーポイントツール］で、コーナーポイントのアンカーポイントをドラッグすると、既存のハンドルはリセットされ、新しい2本のハンドルがアンカーポイントから引き出される。この際、アンカーポイントは左右が連動して動き、スムーズポイントになる。
スムーズポイントをコーナーポイントにする	ドラッグ	スムーズポイントのハンドルは、［ダイレクト選択ツール］などでドラッグすると左右が連動して動くが、［アンカーポイントツール］でドラッグすると、それぞれを独立して動かせる。結果として、アンカーポイントがコーナーポイントに変換される。
ハンドルを削除する	クリック クリック	アンカーポイントから伸びるハンドルは、先端の丸（方向点）を［アンカーポイントツール］でクリックすると削除できる。2つのハンドル両方を一気に削除する時は、アンカーポイント自体をクリックする。
オープンパスを連結する	選択　選択 連結　連結　連結 オープンパスをクローズパスに　2つのパスを連結（自動）　2つのパスを連結（手動）	オープンパスの両端のアンカーポイントを連結すると、クローズパスにできる。［選択ツール］でオープンパスを選択し、［オブジェクト］メニュー→［パス］→［連結］を実行で、始点と終点がセグメントで結ばれクローズパスになる。また、2つのオープンパスを選択した状態で連結を実行すると、それぞれの端のアンカーポイントが接続され、ひとつのパスになる。この場合、連結されるアンカーポイントは自動で判断されるため、指定するには［ダイレクト選択ツール］で対象のアンカーポイント2つを選択してから実行するとよい。

06
Lesson 2

オブジェクトの高度な操作を
しよう

オブジェクト同士を組み合わせて別の形を作ったり、同じパーツを効率的に管理するなど、少しだけ高度な操作をしてみましょう。

📖 異なるオブジェクトを組み合わせる

「パスファインダー」機能を使うと、2つ以上のオブジェクトを組み合わせて新しい形を作ることができます。これをうまく利用すれば、パスを描いて作るには面倒な図形も効率的に作成可能です。

10種類の機能があり、それぞれに異なった結果を得ることができますが、この中でも「形状モード」と呼ばれる4種類は特によく使うので、その特徴を覚えておくといいでしょう。ここでは、複数の長方形と円形が重なった状態の元オブジェクトを、すべてを選択してパスファインダーを実行した結果を例として紹介します。

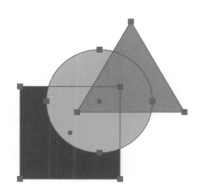

元オブジェクト

パスファインダーの「形状モード」4種類

形状モード	実行結果	概要
合体		オブジェクトの重なった範囲を統合し、ひとつのオブジェクトに合成する。
前面オブジェクトで型抜き		最背面のオブジェクトを前面のオブジェクトの形で型抜きする。
交差		すべてが重なった共通範囲だけを残して他を削除。
中マド		偶数個のオブジェクトが重なった範囲を削除して中抜きにする。

繰り返し使うパーツを効率的に管理する

何度も同じパーツを繰り返し使う時は、「シンボル」機能が役に立ちます。シンボルとして登録したオブジェクトは、その分身となる「シンボルインスタンス」をいくつも生み出すことが可能です。シンボルのマスター（元データ）を編集すると、その結果がすべてのシンボルインスタンスに反映されるため、効率的なパーツの管理ができます。同じパーツを繰り返したくさん使う時には欠かせない機能です。

`マスターが同じオブジェクトを一括編集するシンボル`

2つをミックスしたオブジェクトを作成する

異なる2つのオブジェクトから、中間のオブジェクトを作成できる機能が「ブレンド」です。パスの形状だけでなく、線幅やカラーなど、すべての属性がブレンドされるのが特徴です。作成する中間オブジェクトの個数なども指定できるため、異なる大きさのオブジェクトを細かくブレンドして立体感を表現したり、2つのオブジェクトから中間色を割り出すなど、さまざまな用途に利用できます。

`ブレンドは2つのオブジェクト間を徐々に変化させる`

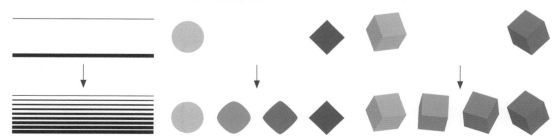

Try

07

Lesson 2

Level
★★★★★

基本図形を組み合わせて カメラのマークを作る

基本図形を組み合わせるだけでも、簡単なイラストやアイコンを作成できます。ここでは、長方形や円を組み合わせて、カメラのマークを作ってみましょう。基本図形を使った作図と、図形の重ね順、アンカーポイントの操作を学習します。

Skill

○**基本図形の作成**
長方形ツール、楕円形ツール、
ライブコーナー

○**オブジェクトの重なりを変更**
重ね順

○**アンカーポイントの編集**
ダイレクト選択ツール

01. ボディの形を作る

「ツールパネル」から［長方形ツール］ ▢ を選択し、画面上でドラッグして、横長の長方形を作成します **1** 。長方形の四隅に表示されたコーナーウィジェットのうち **2** 、どれかひとつを内側方向へドラッグして **3** 、角を丸くします **4** 。

1

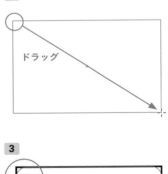

ドラッグ

2

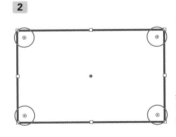

長方形を作成すると、四隅にコーナーウィジェット（二重丸アイコン）が表示される

3

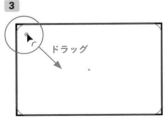

ドラッグ

4

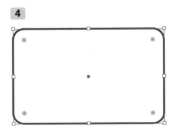

コーナーウィジェットを使って長方形の角を丸くする

02. ボディの出っ張りを作る

　再び[長方形ツール]■で、最初に作った長方形の上部中央あたりに長方形を描きます 5 。最初の長方形に少しだけ重なるようにするのがポイントです。[オブジェクト]メニュー→[重ね順]→[背面へ]を実行して、最初に作成した長方形の後ろへ送ります 6 。その後、[選択]メニュー→[選択を解除]で選択を解除しておきましょう。

5
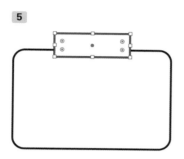

6
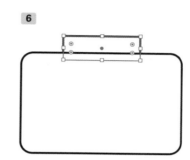

長方形を追加して背面へ送り、
重ね順を変える

03. 出っ張りの形を整える

　[ダイレクト選択ツール]▷で、背面に送った長方形の左上にあるアンカーポイントをクリックして選択し 7 、キーボードの▶を数回押してアンカーポイントを右方向へ移動します 8 。

7
クリック
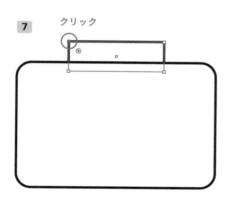

8
移動

左上のアンカーポイントを内側へ移動する

memo🖊

[ダイレクト選択ツール]▷でアンカーポイントを選択する時は、ドラッグで対象を囲むようにしても選択できます。今回のように1つだけではなく、複数のアンカーポイントを同時に選択する時にはこの方法が便利です。

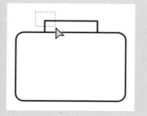

同じ要領で、今度は右上のアンカーポイントをクリックで選択し 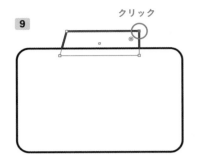 9 、◀を同じ回数押して左方向へ移動します 10 。出っ張りのアンカーポイントを移動することで、長方形が台形になりました。

9 クリック

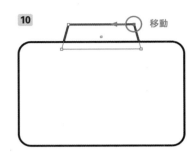

10 移動

右上のアンカーポイントを
内側へ移動する

memo ✎

キーボードの矢印キーを1回押したときに移動する距離は［Illustrator］メニュー（［編集］メニュー）→［環境設定］の［一般...］にある［キー入力］の項目で変更できます。また、shift を押しながら矢印キーを押すと、設定値の10倍で移動します。

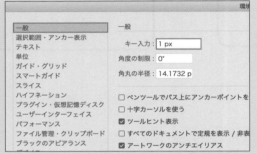

環境

一般
選択範囲・アンカー表示
テキスト
単位
ガイド・グリッド
スマートガイド
スライス
ハイフネーション
プラグイン・仮想記憶ディスク
ユーザーインターフェイス
パフォーマンス
ファイル管理・クリップボード
ブラックのアピアランス

一般
キー入力： 1 px
角度の制限： 0°
角丸の半径： 14.1732 p

☐ ペンツールでパス上にアンカーポイントを
☐ 十字カーソルを使う
☑ ツールヒント表示
☐ すべてのドキュメントで定規を表示 / 非表
☑ アートワークのアンチエイリアス

04 . レンズの外側のラインを作る

［楕円形ツール］◉を選択し、ボディの長方形の中央あたりにカーソルを合わせ、option （ Alt ）と shift を押しながらドラッグを開始し 11 、希望の大きさになったらマウスボタンを放します 12 。正円が描けたら、［選択］メニュー→［選択を解除］を実行して選択を解除しておきましょう。

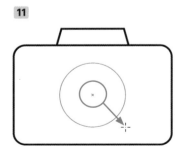

11

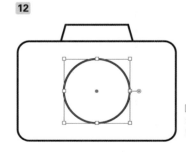

12

option （ Alt ）+ shift を押しな
がらドラッグして、中央から正
円を描く

point 🔍

スマートガイド機能がオンの時は、長方形の中央あたりにカーソルを近づけると、「中心」というピンクのガイド文字が表示されます。この位置からドラッグを開始すれば、長方形の正確な中心から円を描くことができます。スマートガイド機能は、［表示］メニュー→［スマートガイド］でオンオフできます。

05. レンズの内側のラインを作る

先ほどより少しだけ小さな正円を追加します。作成済みの正円の中央付近にカーソルを合わせ、option（Alt）+ shift を押しながらドラッグを開始し 、少し小さいサイズの正円になったところでマウスボタンを放します 14 。正円が二重になりました。

13

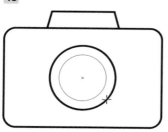

14

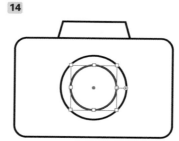

同じ手順で、少しだけ小さい
正円を追加する

06. ストロボの長方形を追加する

［長方形ツール］▣ を使って、ボディの右上あたりに小さな長方形を追加すればカメラ自体の形は完成です 15 16 。

15

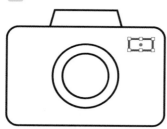

16

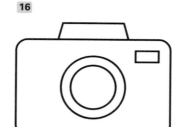

右上に小さな長方形を追加して完成

07. カメラ全体をグループにする

最後に、カメラ全体を簡単に選択できるようにするためグループ化してみましょう。［選択］メニュー→［すべてを選択］を実行してすべてのオブジェクトを選択したあと、［オブジェクト］メニュー→［グループ］を実行します 17 。これで、すべてのオブジェクトがグループ化され、［選択ツール］▶ でどこか1箇所をクリックするだけでカメラ全体を選択できるようになりました。

17

すべてを選択してグループにする

> **memo** 🖊
> 一部の操作では、キーボードショートカットを利用すると作業効率が上がります。例えば、すべてを選択するには command（Ctrl）を押しながら A を押す、グループ化するには command（Ctrl）を押しながら G を押す、というように、キーボードの操作だけでメニューを実行できます。キーボードショートカットが利用できる操作は、メニュー項目の右側にキーコンビネーション（操作を実行するためのキーの組み合わせ）が表示されています。積極的に利用するとよいでしょう。

Try
08
Lesson 2

Level
⭐⭐☆☆☆

長方形を変形して長方体を作る

長方形を変形して立体的な四角を作ります。グラフを用いた資料で使えるような、アイソメトリック図（アイソメ図）といわれる、縦・横・高さの軸（x軸・y軸・z軸）それぞれが常に120°で交わる直方体を作ってみましょう。

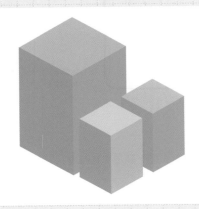

Skill

○**基本図形の作成**
長方形ツール

○**オブジェクトの変形**
変形パネル

01. 長方形を作成する

後ほど長方形同士を隙間なく配置するために、まずは［表示］メニュー→［ポイントにスナップ］と、［表示］メニュー→［スマートガイド］にチェックを入れておきましょう **1**。「ツールパネル」から［長方形ツール］▢を選び、ドラッグして縦長の長方形を描きます **2**。

［選択ツール］▶に切り替えて、作成した長方形を選択し、コピー＆ペーストで合計3つの長方形を作成しましょう。操作する時に分かりやすいよう、上段に1つ、下段に2つ並べて配置します **3**。作例では「カラーパネル」で線はなし、塗りに［R40／G249／B194］を設定しました **4**。　◎カラーパネルについてはP.75を参照

1
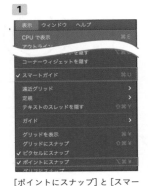

［ポイントにスナップ］と［スマートガイド］にチェックマークが入っているか確認

2
開始
ドラッグ

3

コピーした長方形を
［選択ツール］で移動

4
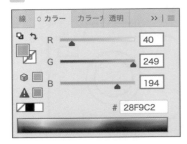

線 ◇カラー　カラーガ　透明　≫｜☰
R　　40
G　　249
B　　194
#　28F9C2

02. 左側面を作る

まずは左側面を作ります。[ウィンドウ]メニュー→[変形]で「変形パネル」を表示しておきます **5**。下段の左側にある長方形をクリックで選択し、「変形パネル」から[シアー：-30]と入力して return（Enter）を押して適用します **6** **7**。その後、[回転：-30]と入力して、先ほどと同様に return（Enter）を押して適用します **8** **9**。

5

6

7

［シアー：-30］が適用される

8

9

［回転：-30］が適用される

> **memo** 🖊
> 手順02〜04の変形では、必ずシアー→回転の順で操作します。順番が逆になると上手くいきません。シアーを入力してカーソルを移動するか return（Enter）を押すと、シアーの数値は[0]になりますが変形は適用されているので、続けて回転を入力していきましょう。

03. 右側面を作る

次に右側面を作ります。下段の右側にある長方形を選択し、「変形パネル」で[シアー：30] **10**、[回転：30]の順に入力します **11**。

10

11
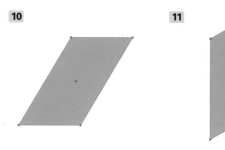

［シアー：30］を適用

［回転：30］を適用

04. 上面を作る

最後に上面を作成します。上段の長方形を選択し、先ほどと同様の手順で、「変形パネル」で [シアー：30] 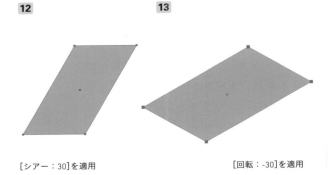、[回転：-30] の順に入力します 。[ダイレクト選択ツール] ⏵ に切り替え、変形した長方形を選択してから隣接させたいアンカーポイントをドラッグで移動し、スナップ機能を使って長方形同士をきっちり隣接させます 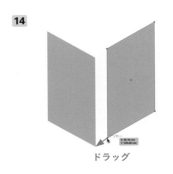。

[シアー：30] を適用

[回転：-30] を適用

ドラッグ

05. 色を変更する

立体的に見えるよう、右上から光があたっている状態に色を変更します。「カラーパネル」を使って、上面は明るく、左側面は暗い色にしていきましょう。オブジェクトを選択してから、「カラーパネル」に数値を入力すると色を変更できます。

作例では、上面の塗りを [R148／G255／B222] に 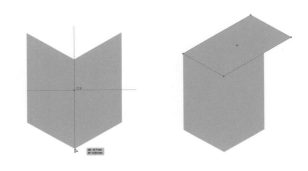 、左側面の塗りを [R52／G206／B162] に設定しました 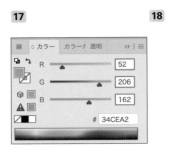 。

[R148／G255／B222] に
色が変更される

[R52／G206／B162] に
色が変更される

06. 上面を変形して長方体にする

上面を変形して、直方体の形に仕上げていきましょう。まず、[ダイレクト選択ツール] ▷ で上面の右端にあるアンカーポイントを選択し 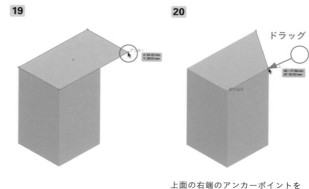、そのままドラッグして右側面の右上端に重ね合わせます。同様に、上部のアンカーポイントを選択してからドラッグし、スマートガイドの表示に沿って直方体の中心線にアンカーポイントを合わせれば完成です。完成した図形は、[選択ツール] ▶ でドラッグしてすべて選択し、[オブジェクト]メニュー→[グループ]でグループ化しておくと、移動させる時に楽になります。

19 **20**

上面の右端のアンカーポイントを
隣接させる

21 **22** **23**

スマートガイドに沿ってアンカー
ポイントを移動する

[選択ツール]で直方体を
すべて選択

その他の方法としては、選択してから右クリック→[グループ]でもグループ化できる

07. 長方形を複製して グラフ風にする

[選択ツール] ▶ で、完成した直方体を選択してからコピー＆ペーストし、バウンディングボックスを使って縮小します 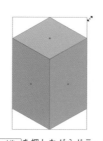。いったんグループを解除してから、図形をそれぞれ選択し「カラーパネル」で色を編集しましょう。

黄色の直方体の塗りは、上面を[R255／G237／B149]に、左側面を[R206／G186／B87]に、右側面を[R249／G215／B41]に設定しました。緑の直方体では、上面を[R201／G255／B149]に、左側面を[R126／G206／B53]に、右側面を[R136／G249／B41]に設定しました 。

24 **25**

shift を押しながらドラッグ
すると縦横比を固定できる

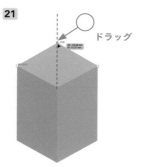

Try

09
Lesson 2

図形を組み合わせて クラウドアイコンを作る

図形同士の合体や切り抜きを行う機能を「パスファインダー」といいます。
パスファインダーを使い、クラウドアイコンを作成する方法を学習しましょう。

Level
★ ★ ★ ★ ★

Skill

● 基本図形の作成
楕円形ツール、長方形ツール

● オブジェクトの合体・型抜き
パスファインダーパネル

01. 雲のパーツを描く

「ツールパネル」から [楕円形ツール] ◉ を
選び、 shift を押しながらアートボード上を
ドラッグして、正円を描きます **1**。

作例では、「カラーパネル」で線はなし、塗
りに [C70／M20／Y20／K0] を設定しました。

● カラーパネルについてはP75を参照

1

shift を押しながらドラッグ
すると正円を描ける

02. 正円をコピーして重ねる

「ツールパネル」から [選択ツール] ▶ に切
り替え、作成した正円を選択して、 option
（ Alt ）を押しながらドラッグするとコピー
することができます **2**。同じ操作でコピー
を5回繰り返したあと、図形をひとつずつド
ラッグで移動させて、雲の形になるよう重ね
ましょう **3**。

2
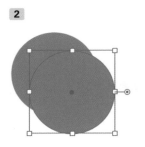

option （ Alt ）を押しながらド
ラッグしてコピー

3
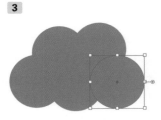

5つの正円を雲の形になるように重ねる

03. 重ねた正円を合体させる

［選択ツール］▶ で作成した正円全てを選択し **4**、「パスファインダーパネル」から［合体］を実行します **5**。5つの正円を合体してひとつのパーツにしました **6**。

---

memo 🖊

「パスファインダーパネル」で［合体］を実行するとパスが拡張されて元に戻せません。 option （Alt）を押しながら［合体］を実行とすると、選択したパスの形状を変更せず、プレビュー上だけでイメージを合成する複合シェイプとなり、あとからでも元に戻すことができます。形を変える可能性がある場合は後者で合体させるとよいでしょう。

4
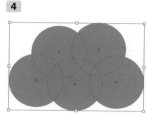
5つの正円を雲の形になるように重ねる

5

「パスファインダーパネル」の［合体］をクリック

6

04. 長方形を作る

［長方形ツール］▢ に切り替え、アートボード上をドラッグして、雲の下部にある3つの円の下が1/4程度隠れるように、雲よりも横幅が長い長方形を作成します **7**。

---

memo 🖊

雲の背面に長方形が配置されてしまう場合は、［選択ツール］▶ で長方形を選択した状態で、［オブジェクト］メニュー→［重ね順］→［最前面へ］をクリックし、前面に配置します。

7

05. 合体させた雲を長方形で型抜きする

［選択ツール］▶ で、雲と長方形をまとめて選択します **8**。「パスファインダーパネル」で［前面オブジェクトで型抜き］を実行します **9**。最背面にある雲の形を前面の長方形のシルエットで型抜きして完成です **10**。

8
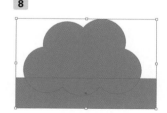

9

「パスファインダーパネル」の［前面オブジェクトで型抜き］をクリック

10

Try

10
Lesson 2

Level
★★★★★

シンボルを散りばめた背景を作る

繰り返し使用するイラストやアイコンを「シンボル」として登録することができます。
シンボルとして登録することで、元となるシンボルを編集すると使用しているシンボルも簡単に置き換えられます。また、変更が簡単にできるだけではなく、ファイルデータを軽量化できます。

Skill

〇シンボルの作成・編集
シンボルの登録、
インスタンスの編集、
ダイレクト選択ツール

01. アートボードを用意する

「ツールパネル」から [長方形ツール] ▢ を選び、アートボード上に長方形を作成します **1**。作例では、「カラーパネル」で線はなし、塗りに [C21／M6／Y14／K0] を設定しました。

〇カラーパネルについてはP.75を参照

1

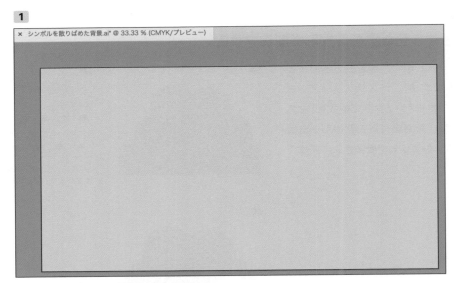

アートボードに塗りのみの長方形を重ねて配置する

02. アートボードにアイコンを複製する

サンプルデータの「2-10_sozai.ai」をダブルクリックし、Illustratorで開きます 。[選択ツール] ▶ で、桜のアイコンをクリックし、command（Ctrl）＋Cでコピーします 。別タブで開いている手順01で用意したアートボードに移動して 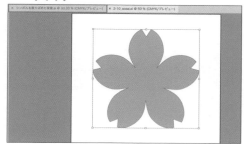、command（Ctrl）＋Vで貼り付けます 。

桜アイコンを選択してコピー

クリック

桜アイコンを複製

03. 桜のアイコンをシンボルとして登録する

「シンボルパネル」を表示し 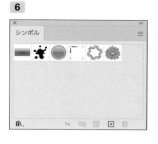、先ほどコピーした桜のアイコンを [選択ツール] ▶ で選択します。「シンボルパネル」にドラッグすると 、「シンボルオプション」ダイアログが表示されます。シンボルの名前を適宜入力し、[シンボルの種類：ダイナミックシンボル] に設定して、[OK] を押します 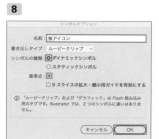。これでシンボルとして登録されました 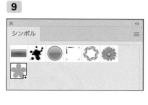。

桜をシンボルパネルにドラッグ

memo ✏️

シンボルは、「ダイナミックシンボル」と「スタティックシンボル」の2種類あります。ダイナミックシンボルは、元のシンボルに影響を与えずに、インスタンスを個別に選択してカラーなどのアピアランスに変更を加えることができます。一方で、スタティックシンボルは個別に編集することができません。ここでは、あとから色や線の太さなどを変更する可能性を考慮し、ダイナミックシンボルを選択しています。アピアランスについてはLesson5で詳しく解説しています。

attention ⚠️

アイコンをシンボルとして登録すると、元のアートワークはシンボルインスタンスに変換され、アンカーポイントを編集できなくなります。

04. 桜アイコンをアートボードに配置する

「シンボルパネル」に登録した桜アイコンをアートボード上にドラッグする操作を7回繰り返し **10**、ランダムに配置します **11**。[選択ツール] 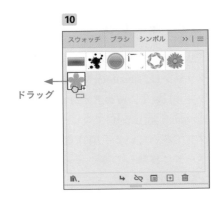 で桜アイコンをクリックし、バウンディングボックスを使用して shift を押しながら拡大縮小して、全体のバランスを考えながら調整しましょう **12** **13**。

10

11

12

桜の縦横比を保持するため shift を押しながら拡大縮小する

13

05. 文字を配置する

「ツールパネル」から [文字ツール] T に切り替え、アートボード上をクリックすると文字を入力できます。「Congratulations」と入力し、「文字パネル」の [フォントファミリを設定] で [Antiquarian Scribe] に設定して完成です **14**。

◎文字の入力についてはP118を参照

14

アートボードの中央に文字を配置

Column シンボルの色を一括変更、別のシンボルに置き換え

「シンボルパネル」のシンボルとアートボードに配置したシンボルはリンクしています。アートボードに配置したシンボルは、シンボルインスタンスと呼ばれ、「シンボルパネル」のシンボルを編集すると、生成されたシンボルインスタンスに対しても変更内容が反映されます。

01 シンボルの色を一括で変更する

シンボルの機能を活用して桜アイコンの色を一括で変更してみましょう。まず、「シンボルパネル」に登録した桜アイコンをダブルクリックします。別タブが開き、桜アイコンが編集モードになりました 1 。作例では、「カラーパネル」で線はなし、塗りに[C100／M36／Y16／K0]を設定しました 2 。色を変更したあと、ヘッダーの左矢印をクリックして編集モードを解除します 3 。アートボードに戻り、すべてのシンボルの色が変更されました 4 。

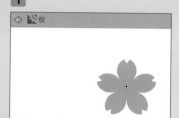

シンボルに登録した桜アイコンを編集できる

アートボード上のすべてのシンボルの色が変わる

02 別のシンボルに置き換える

シンボルのマスターを編集すれば桜から星に置き換えることもできます。先ほどと同様に、「シンボルパネル」上の桜アイコンをダブルクリックします。桜アイコンが編集モードとなるので、「ツールパネル」から[選択ツール]▶で桜アイコンを選択し、delete を押して削除します。「ツールパネル」から[スターツール]☆に切り替え星を描いたら 5 、ヘッダーの左矢印をクリックし、編集モードを解除します。アートボードに戻ると、すべてのシンボルが星に変更されました 6 。

桜アイコンを削除して星アイコンに変更

アートボード上のすべてのシンボルが星に変わる

Try

11

Lesson 2

グラデーション状のストライプ
模様を作る

2つのオブジェクトを段階的に変化させる機能が「ブレンド」です。ブレンドを活用すると、パターンやラジアルといった他の機能では作るのが難しい、色と幅が段階的に変化するストライプ模様を作ることができます。

Level
★★★★★

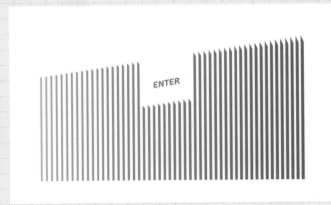

ENTER

Skill
○ブレンドを作成する
ブレンドツール

01. 始点の長方形を作る

[長方形ツール] ▭ で、縦に長い長方形を1つ作ります **1** 。作例では、「カラーパネル」で線はなし、塗りに [R255／G167／B167] を設定しました **2** 。

○カラーパネルについては**P.75を参照**

1

2

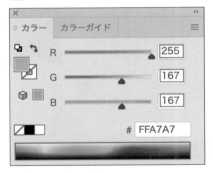

[長方形ツール] でドラッグし、
縦長の長方形を作成

02. 終点の長方形を作る

[選択ツール] ▶ に切り替えて、option（Alt）を押しながら少しだけドラッグしてオブジェクトを複製し、さらに shift も押して、水平移動させながらアートボードの右側へドラッグ操作で移動します **3**。複製ができたら長方形の横幅を広くし、色を緑に変更しましょう。「カラーパネル」で線はなし、塗りに [R76／G209／B167] を設定しました **4**。

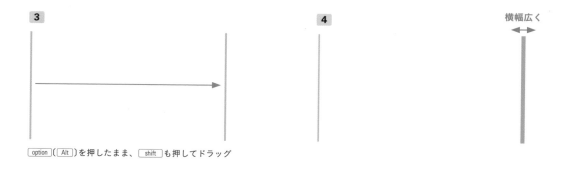

option（Alt）を押したまま、shift も押してドラッグ

03. ブレンドを適用する

手順01〜02で作成した長方形を両方とも選択して、[オブジェクト] メニュー→ [ブレンド] → [作成] を選択します **5**。「ブレンド」が2つのオブジェクトに適用できました **6**。

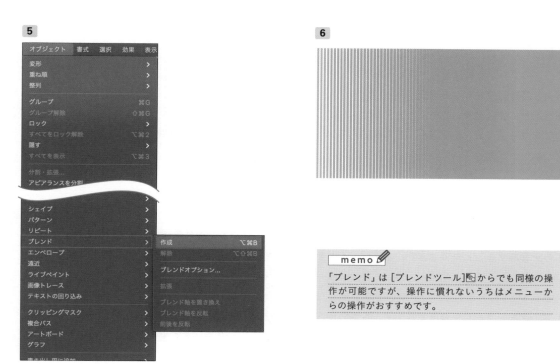

> **memo** 🖊
> 「ブレンド」は [ブレンドツール] からでも同様の操作が可能ですが、操作に慣れないうちはメニューからの操作がおすすめです。

04. 中間の長方形の数を調整する

手順03で作成したブレンドを選択して、[オブジェクト]メ
ニュー→[ブレンド]→[ブレンドオプション…]を選択します 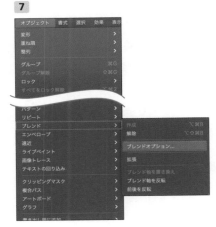。
「ブレンドオプション」ダイアログを開いたら、[間隔：ステップ
数][方向：垂直方向]を選択し、任意の数を入力して[OK]を押
します 8 。この数は始点と終点の2つの長方形を除いた、中間
のオブジェクトの数量を表すので、[50]と入力した場合は、アー
トボード上に長方形が52個表示されます 9 。

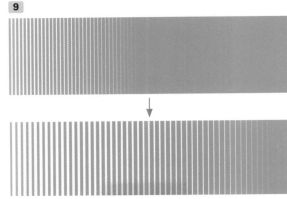

アートボード上に長方形が52個作成された

05. ブレンドの軸を編集する

作成したブレンドは、中心に軸が作成されま
す。このブレンド軸は他のアンカーポイントや
パスと同様、[ダイレクト選択ツール] でパス
を選択して移動することができますので、右端
のアンカーポイントを選択し、上方向にドラッ
グしましょう 10 。

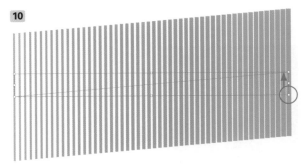

アンカーポイントをドラッグで移動

06. ブレンドの色や形を編集する

作成したブレンドは、始点と終点のオブジェクト
のみを編集することができます。オブジェクトをダ
ブルクリック、または右クリックで「選択グループ
編集モード」にしましょう。ブレンドを解除しなく
ても、グループとして編集できます。右端の長方形
を選択し、「カラーパネル」で線はなし、塗りに[R76
／G114／B167]を設定しました 11 。

また、ブレンドは色だけでなく形にも影響します。
[ダイレクト選択ツール] で、長方形の右上端に
あるアンカーポイントを選択してからドラッグで移
動し、下部はバウンディングボックスを使って左端
の長方形と同じ位置までドラッグして伸ばすと 12 、
ブレンド全体の印象も変化しました 13 。

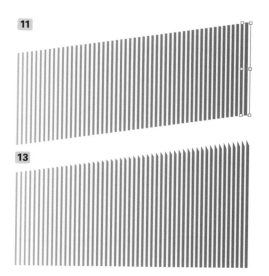

11

12

13

> **memo** 🖊
> [オブジェクト]メニュー→[ブレンド]→[解除]で一度ブレンドを解除してから作成する方法もあります。その場合は、再度ブレンドを適用し直します。

07. 「拡張」で中間のオブジェクトをパスに変更する

中間のオブジェクトを編集してみましょう。[オブジェクト]メニュー→[ブレンド]→[拡張]を選択します 14 。編集したいオブジェクトを選択し、バウンディングボックスでサイズを変更します 15 。空いたスペースに、[文字ツール] T でテキストを入力します 16 。[シアーツール] 🔲 に切り替え、文字の右側を下から上へドラッグして、少しだけ斜めにしましょう 17 。[書式]メニュー→[アウトラインを作成]で文字をアウトライン化し、ダブルクリックで

「グループ編集モード」に切り替えます。文字を1文字ずつ選択し、[スポイトツール] 🖊 で、作成したブレンドから文字に反映したい色をクリックすると文字色が変更されて完成です 18 。

◉ 文字の入力についてはP118を参照
◉ スポイトツールについてはP81を参照

16

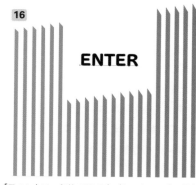

ENTER

[フォントファミリ：TBUD丸ゴシック Std H]に設定

14

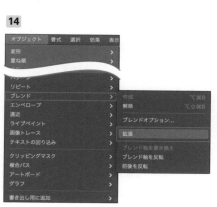

オブジェクト	書式	選択	効果	表示
変形	>
重ね順	>
リピート	>
ブレンド	>	作成　　　⌥⌘B
エンベロープ	>	解除　　　⌥⇧⌘B
遠近	>	ブレンドオプション...
ライブペイント	>	拡張
画像トレース	>	ブレンド軸を置き換え
テキストの回り込み	>	ブレンド軸を反転
クリッピングマスク	>	前後を反転
複合パス	>
アートボード	>
グラフ	>
書き出し用に追加	

15

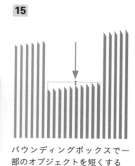

バウンディングボックスで一部のオブジェクトを短くする

> **point** ⊗
> 一度作成したブレンドは「拡張」で個別のパスにしない限り、中間のオブジェクトを編集することはできません。「拡張」で個別のパスにしたオブジェクトは「グループ」になっているので、ダブルクリックで「グループ編集モード」で編集するか、グループを解除してから編集します。

17

ENTER↑

18

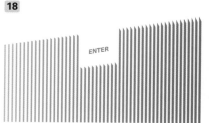

ENTER

12
Lesson 2

ペンツールを使って
トランプを作る

Illustratorでの図形の描画に欠かせないペンツールを使って、トランプのマークを描いてみましょう。キーを使ったツールの一時切り替えや、曲線ツール、リフレクトツールなど、図形の描画に必要な基本的な機能も学習します。

Level
★★★★★

Skill

○**基本図形を描く**
直線ツール、ペンツール、
リフレクトツール

○**曲線を描く**
曲線ツール

○**位置を揃える**
ガイド、整列パネル

01. ダイヤのパーツを描く

「ツールパネル」から［ペンツール］🖉を選び、 shift を押しながらアートボード上をクリックして垂直な直線を描きます **1**。 esc または return（ Enter ）を押して描画を終了します。［選択ツール］▶ に切り替え、全体を選択して［オブジェクト］メニュー→［パス］→［アンカーポイントの追加］を実行します **2**。セグメントの中央に追加されたアンカーポイントを［ダイレクト選択ツール］▷ でクリックして選択したあと **3**、 shift ＋ドラッグで左側に移動します **4**。

1

2

shift を押しながら
上下に2箇所クリック

memo 🖉
［ペンツール］🖉での描画時に shift を押しながら操作すると、水平、垂直、ななめ45°単位で角度制限ができます。

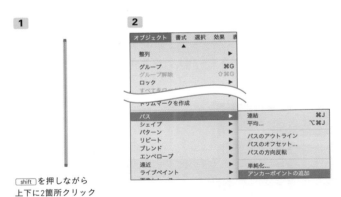

3

4

開始

セグメントの中央に
アンカーポイントが追加される

アンカーポイントを
shift ＋ドラッグで左へ移動

02. リフレクトコピーして連結する

　[選択ツール] ▶ でパーツ全体を選択してから [リフレクトツール] ▷◁ に切り替え、右上端のアンカーポイントを option (Alt) を押しながらクリックします 5 。このとき、スマートガイドをオンにしておくと作業がしやすくなります。「リフレクト」ダイアログが表示されたら、[リフレクトの軸] で [垂直] を選び、[コピー] をクリックします 6 7 。[選択ツール] ▶ でパーツを2つとも選択して「オブジェクト」メニュー→[パス]→[連結] でひとつにしたらダイヤの完成です 8 。

　作例では「カラーパネル」で線はなし、塗りに [C0／M80／Y30／K0] を設定しました 9 。

◉カラーパネルについてはP.75を参照

memo ✏️
スマートガイドがオフになっている場合は、[表示]メニュー→[スマートガイド] または command (Ctrl) ＋ U でオンにできます。

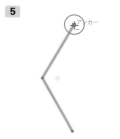

5

[リフレクトツール] でパーツの右上端を option (Alt) ＋クリック

6

7 8 9

全体を選択して command (Ctrl) ＋ J で連結することもできる

03. ハート用のガイドを作る

　ハートをバランス良く描くため、まずはガイドを用意しましょう。「ツールパネル」から [直線ツール] ／ を選択し、水平な直線を描きます 10 。[選択ツール] ▶ に切り替えて直線を選択し、 option (Alt) ＋ドラッグで複製し、加えて shift も押しながら垂直方向に移動複製しましょう 11 。[オブジェクト]メニュー→[変形]→[変形の繰り返し]では、オブジェクトの移動と複製も繰り返しの対象になるので、3回行うと5本の直線が等間隔に並びます 12 。全体を選択し、[表示]メニュー→[ガイド]→[ガイドを作成]でガイドに変換されます 13 。

point 🔍
ガイドは、[表示]メニュー→[ガイド]→[ガイドをロック]をオンにすると、不注意で動かしてしまうことがなく安心です。

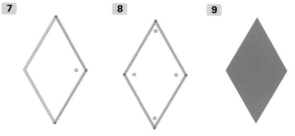

10

[直線ツール] で shift を押しながら水平にドラッグ

11

option (Alt) を押しながら少しだけドラッグして複製してから、さらに option (Alt) ＋ shift の状態でドラッグして移動する

12

command (Ctrl) ＋ D を3回押しても、変形の繰り返しによって複製できる

13

command (Ctrl) ＋ 5 でもガイドに変換できる

04. ハートのパーツを描く

[ペンツール] 🖋 を選択し、先ほど作ったガイドにスナップさせながら図の位置で順番にクリックとドラッグを繰り返します。最初の3つのアンカーポイントは水平方向に等間隔を目安に好みの形になるように 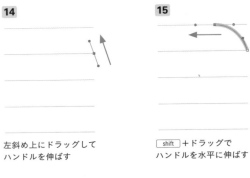、4つ目のアンカーポイントは1つ目のアンカーポイントと垂直に並ぶように配置しましょう 17。 esc または return（ Enter ）を押して描画をいったん終了します。

14 左斜め上にドラッグしてハンドルを伸ばす

15 shift ＋ドラッグでハンドルを水平に伸ばす

16 等間隔を目安に shift ＋ドラッグでハンドルを垂直に伸ばす

17 最初のアンカーポイントと垂直に並ぶ位置でクリック

05. アンカーポイントの追加と調整をする

パーツを選択した状態で、3つ目と4つ目のアンカーポイントの間のセグメント上を[ペンツール] 🖋 でクリックすると、クリック位置にアンカーポイントが追加されます 18 19。[ダイレクト選択ツール] ▷ に切り替え、追加したアンカーポイントを左斜め下にドラッグして少し移動し、パーツの下側をゆるやかなカーブにしましょう 20。バランスが気になる場合は、その他のアンカーポイントやハンドルも微調整します。

パーツができたら、ダイヤと同じ手順でリフレクトコピーしてから連結して完成です。線と塗りのカラーもダイヤと同様です 21。

18 [ペンツール]をセグメントに近づけると［アンカーポイントの追加ツール］に切り替わる

19 クリックしてアンカーポイントを追加

20 アンカーポイントを移動

21 線はなし、塗りに[C0／M80／Y30／K0]を設定

---

memo 🖉

[ペンツール] 🖋 で狙った形を一度で描くのは難しいため、以下のような操作を活用して調整するのがおすすめです。「ツールパネル」でツールを切り替えるよりもすばやく作業が行えます。

● [ペンツール] 🖋 でセグメントをクリック…アンカーポイントの追加
● [ペンツール] 🖋 でアンカーポイントをクリック…アンカーポイントの削除
● [ペンツール] 🖋 ＋ command （ Ctrl ） … [ダイレクト選択ツール] ▷ に一時切り替え
● [ペンツール] 🖋 ＋ option （ Alt ） … [アンカーポイントツール] ⌐ に一時切り替え

06. クローバーとスペードの足のパーツを作る

[ペンツール]で、左方向に短く水平な直線を描きます **22**。2つ目のアンカーポイントを option（ Alt ）＋ shift ＋ドラッグし、下方向にまっすぐハンドルを伸ばしましょう **23**。**24** の位置で斜めにドラッグしてセグメントをつなげたら、アンカーポイントを再度クリックして片側ハンドルにします **25**。一番最初のアンカーポイントと垂直に並ぶ位置を

shift ＋クリックして直線につなぎ、描画をいったん終了しましょう **26**。

ハートやダイヤと同じ手順でリフレクトコピーしてから連結し、線はなし、塗りのカラーに[C0／M0／Y0／K100]を設定します。パーツは2つ必要ですので、command（ Ctrl ）＋ C 、command（ Ctrl ）＋ V で複製しておきましょう **27**。

22

②クリック ← ①クリック

shift を押しながら左方向に
2箇所をクリック

23
24
25

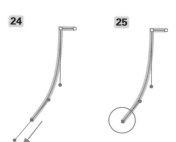

option（ Alt ）＋ shift ＋
ドラッグで真下にハンドル
を伸ばす

アンカーポイントを
クリックして片側ハンドルにする

26

最初のアンカーポイントと垂直に並ぶ位置をクリック

27

リフレクトコピーして連結し、カラーを設定したら複製して2つにする

07. スペードを作る

ハートのパーツを複製して、「カラーパネル」で塗りのカラーを[C0／M0／Y0／K100]に変更しましょう。[選択ツール]でパーツを選び、 shift を押しながらバウンディングボックスをドラッグして180°回転させ **28** **29**、足のパーツと組み合わせます **30**。パーツを2つとも選択し、「整列パネル」で[水平方向中央に整列]を実行すると、正確に中央で揃えることができます **31**。位置を決めたら、全体を選択して「パスファインダーパネル」で[合体]を実行して完成です **32** **33**。

28

29

バウンディングボックスを shift ＋ドラッグして180°回転

30

足のパーツの大きさは、バウンディングボックスなどで適宜調整する

31

「整列パネル」の[水平方向中央に整列]をクリック

32

「パスファインダーパネル」の[合体]をクリック

33

08. クローバーを作る

手順03のハートの時と同様に、水平な直線3本を等間隔に並べたガイドを用意しておきましょう 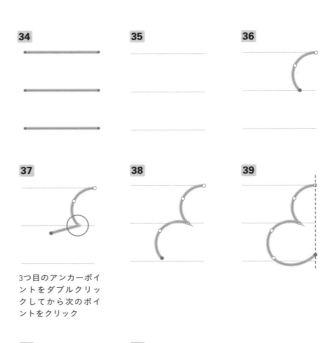 34 35 。[曲線ツール] ✎ で図の位置を順番にクリックすると曲線が描画されます 36 。3つ目のアンカーポイントをダブルクリックしてコーナーポイントに切り替え 37 、引き続き図の位置を順番にクリックしましょう 38 。最後のアンカーポイントは最初のアンカーポイントと垂直に並ぶように配置し 39 、[esc] を押して描画を終了します。

3つ目のアンカーポイントをダブルクリックしてから次のポイントをクリック

これまでと同様の手順でリフレクトコピーしてから連結し、線はなしで塗りのカラーに [C0／M0／Y0／K100] を設定しました 40 。スペードと同様に足のパーツを配置し合体して完成です 41 。

point 🔍
[曲線ツール] ✎ でアンカーポイントをドラッグすると曲線が調整できます。バランスが気になる場合はリフレクトコピーの前に修正しておきましょう。

09. 長方形と組み合わせてトランプ風にする

[長方形ツール] ▢ でドラッグし、縦長の長方形を描画します。「カラーパネル」で線はなし、塗りのカラーに [C5／M5／Y20／K0] に設定しました 42 。長方形を選択した状態で [効果] メニュー→ [スタイライズ] → [角を丸くする…] を実行し、[プレビュー] をオンにしてバランスを確認しながら [半径] に適当な値を設定しましょう 43 。[OK] をクリックすると、効果が適用されて長方形が角丸になります 44 。それぞれのマークと長方形を組み合わせ、大きさや位置を調整したら完成です 45 。

半径 : ◇ 2 mm
☑ プレビュー　キャンセル　OK

[角を丸くする] 効果を適用して長方形を角丸にする

「整列パネル」の [水平方向中央に整列] [垂直方向中央に整列] を活用すると、正確に中心で揃えられる

Lesson 3

塗りと線

この章では、オブジェクトの外観を設定する「塗り」や「線」などのカラーについて、基礎的な概念を学習します。Illustratorには、カラーやグラデーションを用いてオブジェクトを色付けしたり、パターンやブラシなどで表現の幅を広げたりなど、アートワークを装飾するさまざまな機能があります。これらを駆使して、思い通りのデザインが作れるようになりましょう。

01
Lesson 3

塗りと線を知ろう

パスオブジェクトには、「塗り」と「線」という2つの属性があります。ここでは、設定項目の多い「線」を中心に、外観のコントロール手法について解説します。

📖 「塗り」と「線」の概要

パスで構成されたオブジェクトは、「塗り」と「線」という属性を持っています。パスで囲まれたエリアの内部が塗り、パスの形状に沿って表示されるのが線です。オープンパスでは、始点と終点を直線状に結んだ内部が、塗りのエリアになります。ここにカラーなどを設定することで、はじめてオブジェクトの外観が決定します。線は、カラーの他にも「線幅」や「線端の形状」、「角の形状」など、多くの属性を設定できます。

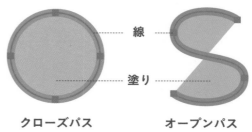

クローズパスとオープンパスの塗りと線

線

塗り

クローズパス　　　**オープンパス**

📖 線の扱い

カラー以外の線に関する設定は「線パネル」で行います。「線パネル」では、線の太さを[線幅]、オープンパスにおける線端の形を[線端]、コーナーポイントにおける角の形を[角の形状]で指定します。また、一部のクローズパスは、パスに対してどちらの方向に線を太らせるか[線の位置]で変更できます。

なお、オープンパスでは[線を中央に揃える]しか選べません。これら線に関する項目は日常的によく使うので、違いを把握しておくことが大切です。

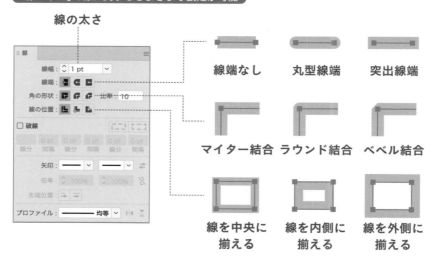

「線パネル」で線に関するさまざまな設定が可能

線の太さ

線端なし　　丸型線端　　突出線端

マイター結合　ラウンド結合　ベベル結合

線を中央に揃える　線を内側に揃える　線を外側に揃える

📖 破線や矢印にする

　「線パネル」の［破線］をチェックすることで、破線にすることも可能です。［線分］3つと［間隔］3つで破線の見た目をコントロールします。［線分］と［間隔］で指定した値を繰り返した破線になります。なお、破線にしたときも線分それぞれの端は、［線端］の設定に従った形状になります。また、［矢印］の右

にある2つのメニューから矢印形状を選択することで、線端に矢印形状を追加できます。矢印形状の大きさは、基本的に線幅で決定しますが、［倍率］で比率を変更することも可能です。［先端位置］では、パスの先端に対して矢印形状をどの位置に追加するかを指定します。

線を破線にしたり、線端に矢印形状を追加したりすることが可能

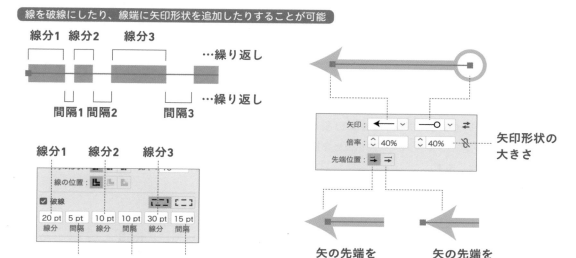

📖 線の幅を可変にする

　通常の線幅は始点から終点まで均一になりますが、「可変線幅」にすれば太さを部分的に変化できます。［線幅ツール］🖊で、パスの任意の位置からドラッグを開始することで「線幅ポイント」と呼ばれる制御点が追加され、そこから上下にハンドルを引き出せます。このハンドルの長さに従って線幅を自由に変更できます。

　線幅ポイントをドラッグするとパスに沿って移動でき、ハンドルをドラッグすると線幅を変更することができます。ハンドルをドラッグ中に option（Alt）を押しておくことで、片側だけを独立して動かすことが可能です。また、線幅ポイントをダブルクリックして設定ダイアログが開くと、数値を使った細かいコントロールができます。

線の太さを自由に変更できる可変線幅

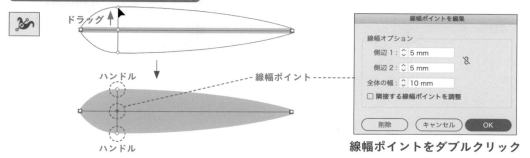

73

02
Lesson 3

カラーについて知ろう

デザイン作業において、色の取り扱いは不可欠です。カラーモデルの概念とオブジェクトに設定できるカラーの種類、設定方法などをしっかりと把握しておきましょう。

📖 Illustratorのカラーモデル

多くの印刷物は、「シアン」「マゼンタ」「イエロー」「ブラック」という4色のインキを掛け合わせて色を表現するのが一般的です。この方式で表現された色は「プロセスカラー」と呼ばれます。一方、PCやスマホのディスプレイなど、デジタル媒体の多くは「レッド」「グリーン」「ブルー」という3色の光を掛け合わせて色を表現します。

このように、色を表現するために用いる手法のことを「カラーモデル」といい、印刷のようにインキを使った表現を「CMYK」、ディスプレイのように光を使った表現を「RGB」と表します。Illustratorでドキュメントを作成するときは、このCMYKとRGBどちらのモデルで色を扱うか、「カラーモード」として事前に決めることになります。

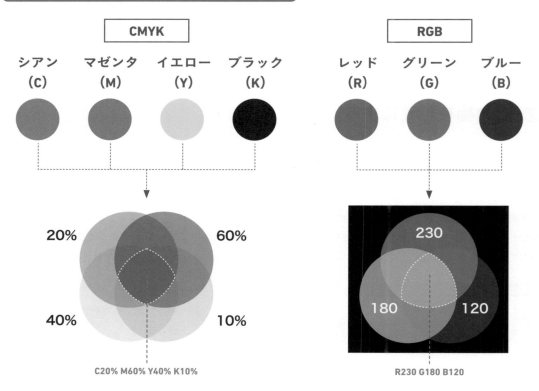

IllustratorではCMYKとRGBの2種類のカラーモデルを扱う

CMYK

| シアン (C) | マゼンタ (M) | イエロー (Y) | ブラック (K) |

RGB

| レッド (R) | グリーン (G) | ブルー (B) |

20%　　　60%

40%　　　10%

C20% M60% Y40% K10%

230

180　　120

R230 G180 B120

📖 減法混色と加法混色

CMYKでは、4つのインキの濃度をそれぞれ0〜100％の値で指定します。インキの量が増えるほど暗くなるため、この混色を「減法混色」と呼びます。RGBでは、3つの光の強さをそれぞれ0〜255の256段階で指定します。こちらは、光の量が増えるほど明るくなる「加法混色」です。ちなみに、Webサイトの構築において外観を定義する「CSS」でカラーを表すときは、RGBを16進数に置き換えたカラーコードを用いるのが一般的です。例えば、[R255／G100／B40]のカラーは[#FF6428]と表現します。

混色方法は、色を重ねるごとに暗くなるか明るくなるかで異なる

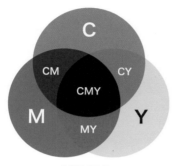
減法混色

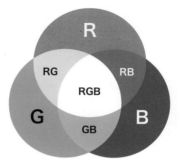
加法混色

📖 「カラーパネル」の概要

Illustratorにおいて、オブジェクトのカラーを指定する方法はいくつかありますが、「カラーパネル」を使うのが一般的でしょう。「カラーパネル」は、カラー設定の対象を指定する「塗りボックス」と「線ボックス」、カラー自体を調整する「カラースライダー」、直感的にカラーを選ぶ「カラースペクトルバー」で構成されています。パネルメニューを開くと、使用するカラーモデルを選択でき、選択したカラーモデルに従ってカラースライダーとカラースペクトルバーの内容が変わります。

選択できるカラーモデルは、これまでに説明したCMYKとRGBの他にもいくつか種類がありますが、はじめのうちはこの2つのみを使えば問題ありません。

カラーの設定は「カラーパネル」で行うのが基本

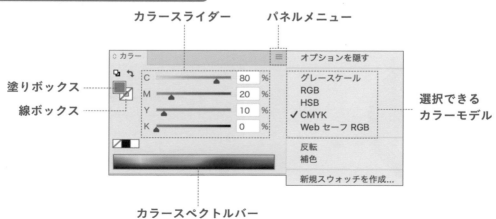

塗りと線に設定できる外観の種類

塗りと線に設定できる外観は、1色での単純なベタ塗りになる「カラー」の他に、複数の色を徐々に変化させる「グラデーション」、模様を繰り返して面を埋める「パターン」、何も設定しない「なし」の4種類があります。それぞれについての詳細はこの後の項目で解説しています。

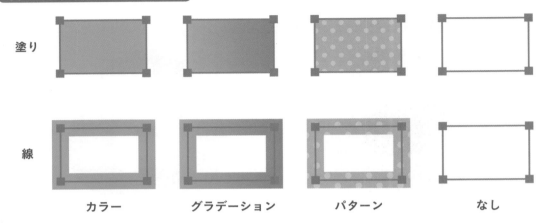

| | カラー | グラデーション | パターン | なし |

塗り / 線

オブジェクトのカラーを設定する

オブジェクトを選択し、まずは「カラーパネル」の「塗りボックス」または「線ボックス」をクリックして、「塗り」と「線」どちらのカラーを設定するかを指定します。この動作は「塗り（または線）をアクティブにする」と呼ぶので覚えておきましょう。その後、「カラースライダー」や「カラースペクトルバー」を使ってカラーを指定します。カラーを「なし」に設定するときは、カラースペクトルバーの左

上にある赤色の斜線のボックス（なしボックス）をクリックします。このように、まず対象をアクティブにしてからカラーを設定する、という流れで行います。

なお、「塗りボックス」や「線ボックス」をダブルクリックすると、カラーをより直感的に選択できる「カラーピッカー」という画面を開くこともできます。

「線ボックス」か「塗りボックス」で対象を指定してからカラーを設定する

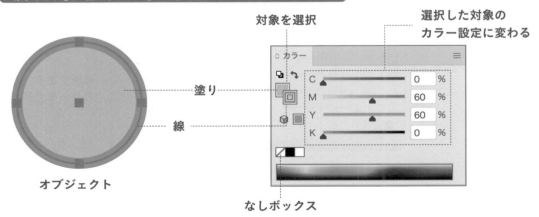

対象を選択

選択した対象の
カラー設定に変わる

塗り

線

オブジェクト

なしボックス

📖「スウォッチパネル」の概要

　同じカラーを何度も使う時に、毎回「カラーパネル」で設定をしていてはとても非効率です。このような場合に役立つのが「スウォッチパネル」です。このパネルでは、一度設定したカラーや、後に説明する「グラデーション」「パターン」なども保存し、いつでも再利用することが可能です。

　パネルに何かを登録するときは、「スウォッチパネル」の［新規スウォッチ］をクリックします。現在選択しているオブジェクトがあれば、アクティブになっている「塗り」「線」どちらかに設定されたカラーやグラデーション、パターンのいずれかを登録するダイアログが、何も選択されていない時は、カラーを登録するダイアログが表示されます。登録したスウォッチを利用するには、オブジェクトを選択したあと任意のスウォッチをクリックするだけで、現在アクティブになっている「塗り」「線」にスウォッチの内容が適用されます。

よく使うカラーの設定は迷わずスウォッチに登録

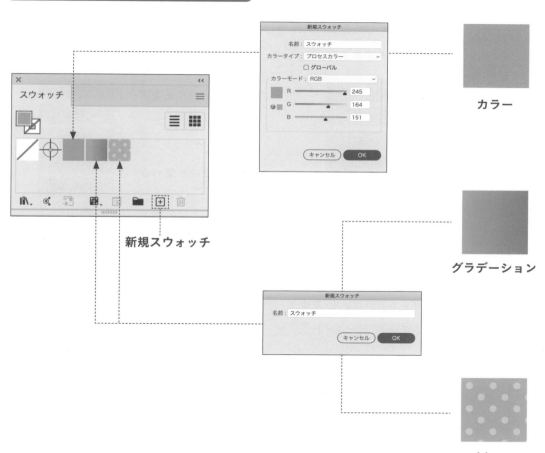

新規スウォッチ

カラー

グラデーション

パターン

📖 グローバルカラーについて

「スウォッチパネル」に登録したカラーは、ダブルクリックでカラーモードや値などを変更できる設定ダイアログを表示できます。この中に「グローバル」というチェックボックスがあり、チェックを入れると、スウォッチのカラーがグローバルカラーになります。グローバルカラーをオブジェクトに適用

しておくと、「スウォッチパネル」上のカラーを編集した時、そのカラーが適用されたオブジェクトのカラーがすべて連動して変わるため、効率的な色の管理に役立ちます。「スウォッチパネル」に登録されたグローバルカラーは、パネル上のスウォッチ右下に白い三角形が表示されます。

グローバルカラーを適用したオブジェクトすべてのカラーが変わる

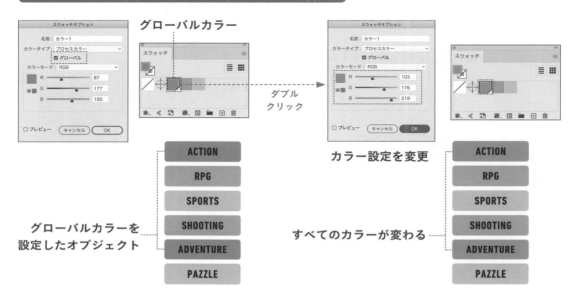

📖 グラデーションについて

グラデーションとは、複数の色の間を滑らかに変化させる表現です。「グラデーションパネル」を使うと、オブジェクトのカラーをグラデーションにでき

ます。「カラーパネル」と同様に「塗りボックス」と「線ボックス」があり、最初に希望する方をアクティブにします。続いて、[種類]の中からどれかを選ぶとグラデーションが設定できます。[線形グラデーション][円形グラデーション][フリーグラデーション]の3つがありますが、まずは「線形」または「円形」を使うところから始めましょう。さらに、線に対してグラデーションを設定する時は、[線]の項目でパスに対するグラデーションの向きを選べます。

グラデーションの設定には「グラデーションパネル」を使用

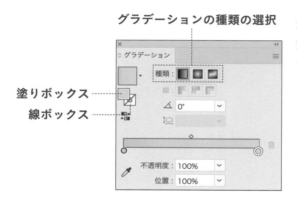

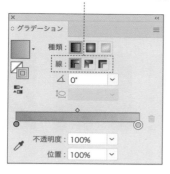

パスに対するグラデーションの向き

線に　　パスに沿って　　パスに交差

📖 グラデーションの編集

　グラデーションのカラーを変更する時は、「グラデーションパネル」の「グラデーションスライダー」を使います。スライダーの下には、2つ以上の「カラー分岐点」という丸印があります。隣り合う分岐点のカラー同士を滑らかに変化させることで、グラデーションを実現します。分岐点は、左右にドラッグして移動でき、ダブルクリックするとカラーや透明度を変更するためのパネルがその場に現れます。

グラデーションスライダーのカラー分岐点でグラデーションを編集

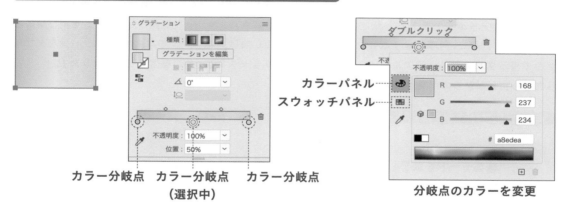

カラー分岐点　　カラー分岐点　　カラー分岐点
　　　　　　　（選択中）

カラーパネル
スウォッチパネル

分岐点のカラーを変更

📖 カラー分岐点と中間点の操作

　グラデーションスライダーのすぐ下の空白部分で、カーソルに＋マークが現れる位置をクリックすると、新しいカラー分岐点を増やすことが可能です。削除する時は、分岐点を大きく下にドラッグします。スライダー上の小さな菱形は、隣り合うカラー分岐点の中間点で、これを左右にドラッグすることで、カラーの変化の偏りを調整できます。分岐点、中間点とも、クリックして選択すると[位置]の項目で数値を使った正確な位置指定ができます。

カラー分岐点と中間点の操作

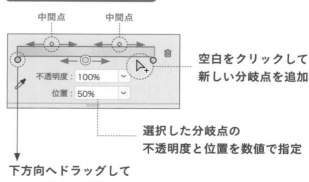

中間点　　　中間点

空白をクリックして
新しい分岐点を追加

選択した分岐点の
不透明度と位置を数値で指定

下方向へドラッグして
分岐点を削除

📖 パターンについて

パターンは、任意の図柄を繰り返して面を埋める表現です。Illustratorのパターン作成機能は、仕上がりの状態を確認しながら簡単に調整ができ、使い勝手がとてもよいものです。繰り返したいオブジェクトを選択し、[オブジェクト]メニュー→[パターン]→[作成]を実行すると、パターンの編集モードに移ります。このモードでは「パターンオプションパネル」が自動で表示され、パターンの繰り返しについて細かい設定ができます。

図柄を繰り返して面を埋めるパターンの例

📖 パターンの編集モード

パターンの編集モードでは、図柄を繰り返す際の最小単位がラインで示されます。このラインを「タイル」と呼び、「パターンオプションパネル」を使って、大きさや形を変更できます。

タイルの外側は、実際に繰り返した時の状態が淡色で表示されており、リアルタイムに仕上がり状態を確認しながらの作業が可能です。編集後は、

ドキュメント上部に表示されたグレー帯にある[完了]をクリックしてパターン編集を終了します。作成したパターンは自動的に「スウォッチパネル」に登録されます。一度登録したパターンを再び編集したい時は、「スウォッチパネル」のパターンをダブルクリックすると再び編集モードになります。

編集モードでは仕上がりの状態を確認しながら編集可能

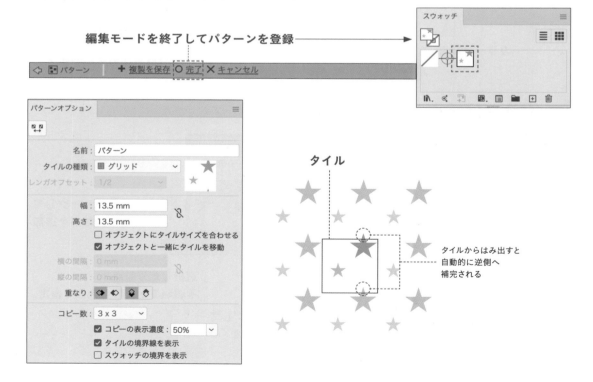

📖 タイルの形と大きさ

タイルの形によって、図柄を繰り返す組み方が変わります。碁盤の目状に並べる[グリッド]、1行おきに指定したサイズでずらしながら並べる[レンガ]、蜂の巣状に並べる[六角形]の3種類から選択

できます。また、[レンガ]と[六角形]は縦横の向きも選択可能です。タイルの大きさは[幅]と[高さ]で変更します。

タイルの形と大きさで繰り返しの組み方や間隔を調整

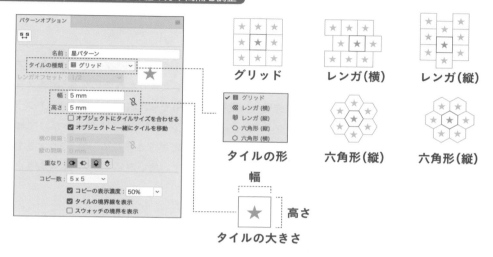

📖 別オブジェクトのカラーを移植する

[スポイトツール] 🖊 を使うと、別オブジェクトのカラーや線の設定などを選択中のオブジェクトにコピーできます。仮に「A」と「B」の2つのオブジェクトがあった時、「B」を選択したあと[スポイトツール] 🖊 で「A」をクリックすると、「A」の塗りと線がそのまま「B」に適用されます。初期設定では、カラーだけでなくグラデーションやパターンもそのままコピーされます。なお、shift を押しながらクリックすると、クリックした場所のカラーだけが現在アクティブになっている「塗り／線」のどちらかに移植されます。線の設定は変更せずカラーだけコ

ピーしたいときは、この方法を使うとよいでしょう。「ツールパネル」で[スポイトツール] 🖊 をダブルクリックすると、どの要素を移植するか、チェックボックスで選択できるようになっています。初期設定では、効果など一部の要素はコピーされませんが、ここで「アピアランス」のチェックをオンにすると、すべての外観を移植できるようになります。

スポイトで別のオブジェクトのカラーや線の設定を移植できる

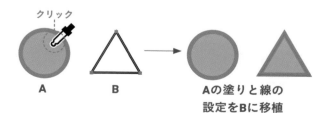

クリック

A　B　→　Aの塗りと線の
設定をBに移植

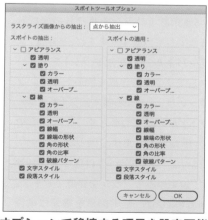

オプションで移植する項目を設定可能

81

03

ブラシについて知ろう

オブジェクトの線には、標準とは異なるデザインを取り込んだ「ブラシ」を設定できます。
より豊かな表現ができるよう、5種類あるブラシの違いを把握しておくとよいでしょう。

ブラシの概要

通常、オブジェクトの線は単調で滑らかなライン
になりますが、「ブラシ」機能を使うことで外観をカ
スタマイズできます。万年筆のようなペン先で強弱
をつけて描いたようなストロークになる「カリグラ
フィブラシ」、オブジェクトをランダムに散りばめ
る「散布ブラシ」、オブジェクトをパスに沿って湾
曲させる「アートブラシ」、オブジェクトを一定間

隔で繰り返し並べる「パターンブラシ」、アナログ
の絵筆で描いたような表情になる「絵筆ブラシ」の5
種類です。中でも、「散布ブラシ」「アートブラシ」「パ
ターンブラシ」の3つは、イラストだけではなくデ
ザインにも応用できるため、他の2つよりも使用頻
度も高めです。使い方をマスターしておくとよいで
しょう。

線の表現を広げる5種類のブラシ

基本線　　　カリグラフィブラシ　　　散布ブラシ

アートブラシ　　　パターンブラシ　　　鉛筆ブラシ

ブラシの基本図形について

5種類あるブラシそれぞれの作成方
法は少しずつ異なりますが、基本は「ブ
ラシパネル」の[新規ブラシ]をクリッ
クしてブラシの作成を開始します。ブ
ラシには、元となる基本図形(オブジェ
クト)が必要なものとそうでないもの
の2種類があります。「カリグラフィブ
ラシ」と「絵筆ブラシ」は何の準備もせ
ず、設定のみでブラシを作成できます。
あとの3つは、基本図形を事前に準備
しておく必要があります。

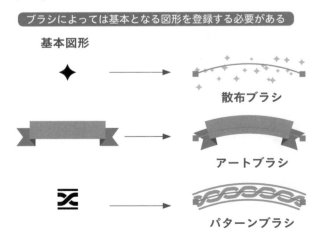

ブラシによっては基本となる図形を登録する必要がある

基本図形

散布ブラシ

アートブラシ

パターンブラシ

📖 ブラシの種類

　ブラシの設定項目は多岐にわたります。すべてを把握するのは難しいので、まずはそれぞれがどのような場面で使えるか特徴を掴んでおくとよいでしょ

う。ここでは、各ブラシを使ったサンプルと設定画面を紹介します。

■[カリグラフィブラシ]

　基本図形は不要です。「ブラシパネル」の[新規ブラシ]をクリックし、ペン先の真円率や角度、直径を設定するだけで作成できます。一定に傾いたペン先のカリグラフィペンで描いたように、パスの角度によって太さが変化するストロークになります。

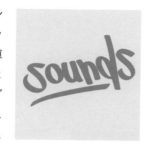
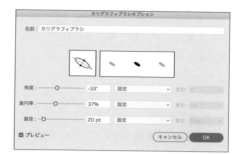

■[散布ブラシ]

　基本図形が必要です。基本図形となるオブジェクトを選択し、「ブラシパネル」の[新規ブラシ]をクリックすることで作成でき、パスに沿ってオブジェクトを配置していきます。基本図形の大きさや角度、広がりなどをランダムに変化させることも可能で、パスに沿って図形を散りばめたいときに役立つブラシです。

■[アートブラシ]

　基本図形が必要です。基本図形となるオブジェクトを選択し、「ブラシパネル」の[新規ブラシ]をクリックすることで作成でき、図形をパスに合わせて湾曲させるのが特徴です。筆のストロークやリボンのデザインをパスに沿って変形させるなど、普通では難しい表現ができる使い勝手のよいブラシです。

■[パターンブラシ]

　基本図形が必要です。基本図形となるオブジェクトを選択し、「ブラシパネル」の[新規ブラシ]をクリックすることで作成できます。パスに合わせて基本図形を変形させながら一定の間隔で並べることが可能です。コーナーに別の基本図形を組み合わせることもできるため、飾り罫や囲み罫などを作るときに活躍するブラシです。

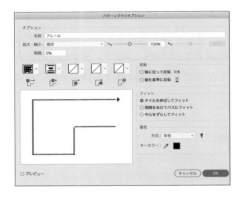

■[絵筆ブラシ]

　基本図形は不要です。「ブラシパネル」の[新規ブラシ]をクリックし、筆の形状や長さ、密度などを設定するだけで作成できます。半透明の線を複数重ね合わせることで、水彩絵の具で描いたようなラインの表現が可能です。アナログ的な表現に向いていますが、取り扱いが若干難しいので使いどころは限定されるでしょう。

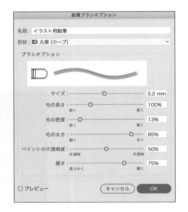

📖 ブラシの使い方

ブラシを適用したいオブジェクトを選択し、「ブラシパネル」から任意のブラシを選択すれば適用できます。オブジェクトに適用したブラシは、通常の線と同様に［線幅］を使って太さを変えることも可能です。また、先に「ブラシパネル」でブラシを選択しておき、［ブラシツール］🖌でドラッグするこ

とでフリーハンドでの描画も可能です。

ブラシを適用した線を通常に戻したい時は、「ブラシパネル」の［ブラシストロークを消去］をクリックします。また、任意のブラシを選択したあと［ブラシを削除］をクリックすれば、そのブラシを削除できます。

作成したブラシはすべて「ブラシパネル」に登録される

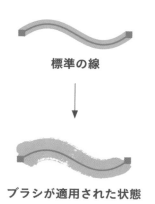

標準の線

↓

ブラシが適用された状態

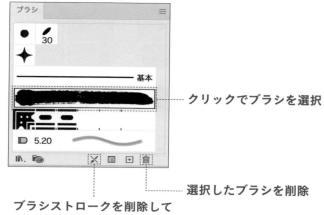

クリックでブラシを選択

選択したブラシを削除

ブラシストロークを削除して
標準の線に戻す

📖 線色をブラシの色に反映させる

「散布ブラシ」「アートブラシ」「パターンブラシ」は、ブラシの設定画面にある［着色］の［方式］を変えることで、線色を使ったカラーの変更ができます。「彩色」「彩色と陰影」「色相のシフト」という3つの方式がありますが、基本図形を黒1色で作成し、［方式：彩色］［キーカラー：黒］にしておくのが最も分かりやすいでしょう。

着彩方法を指定することで線色を使った効率的な色指定が可能

基本図形

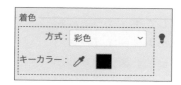

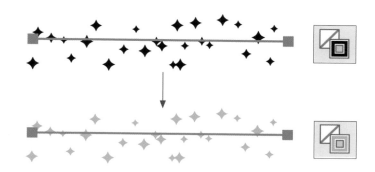

Try

04
Lesson 3

Level
★★★★★

オブジェクトのカラーを操作する

カラーパネルを使ったオブジェクトの基本的なカラー設定を学んでいきます。オブジェクトには「塗り」と「線」という要素があり別々の色を設定することができます。

Skill

○色の設定
カラーパネル、スポイトツール

01. プレゼントの塗りの色を変える

この作例では、サンプルデータの「3-04_sozai.ai」をダブルクリックし、Illustratorで開いて進めていきましょう。

まずは塗りの色を変えてみましょう。上段左のプレゼントを選択して **1** 、「カラーパネル」を開きます。塗りのカラーは、[R238／G238／B238]となっています **2** 。塗りのカラーを [R152／G221／B202] と入力すると **3** 、プレゼントの色が変わりました **4** 。

1
選択

2

3

attention ⚠️
この作例では、Webで使用するデザインを想定し、ドキュメントを[カラーモード：RBGカラー]で作成しています。「カラーパネル」の表示が、CMYKなどになっている場合は、パネルメニューからカラーモデルを[RGB]に変更しましょう。

4

02. プレゼントの線の色を変える

　次は線の色を変えてみましょう。「カラーパネル」で線ボックスをクリックすると、線のカラーは **5** のようになっています。[R145／G88／B71]と入力すると、線のカラーを変更できました **6** **7**。

5

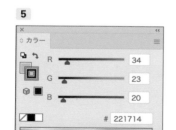

クリックすると線ボックスが
前面にくる

6

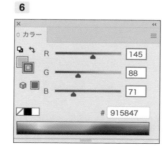

7

03. スポイトツールで線と塗りの色を変える

　サンプルデータから色見本として用意した「3-04_color.ai」を開き、すべて選択してからコピー＆ペーストしてアートボード上に配置します **8**。[選択ツール] ▶ で、上段中央のアートワークを選択し、[スポイトツール] ✎ に切り替えます。先ほどの色

見本から紫色をクリックすると **9** 、紫色のオブジェクトの塗りと線のカラーがどちらも抽出され、プレゼントに適用されました **10**。手順02と同様に、「カラーパネル」で線ボックスをクリックし、線のカラーを[R145／G88／B71]に設定しました **11**。

8

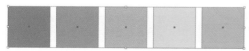

すべて選択してから command (Ctrl) + C と command (Ctrl) + V で
コピー＆ペースト

9

クリック

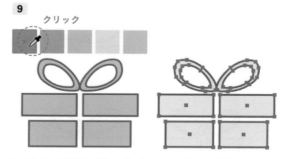

プレゼントを選択した状態で、[スポイトツール]に切り替える

10

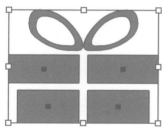

11

04 . 塗りの色のみを変える

[スポイトツール] ![icon] で抽出して適用するカラーを塗りのみにしてみましょう。「ツールパネル」の[スポイトツール] ![icon] をダブルクリックすると **12**、「スポイトツールオプション」ダイアログが表示されます。[スポイトの抽出][スポイトの適用]ともに、[線]をオフにして[OK]を押します **13**。[選択ツール] ![icon]

で上段右のプレゼントを選択し、[スポイトツール] ![icon] に切り替え、色見本からピンクをクリックすると、塗りのカラーのみが変更されます。同じ手順で、色見本を活用して下段のプレゼントの塗りを変更しましょう **14**。

12

ダブルクリック

[スポイトツール]
をダブルクリック

13

スポイトツールオプション

ラスタライズ画像からの抽出： 点から抽出

スポイトの抽出：	スポイトの適用：
∨ ☐ アピアランス	∨ ☐ アピアランス
☑ 透明	☑ 透明
∨ ☑ 塗り	∨ ☑ 塗り
☑ カラー	☑ カラー
☑ 透明	☑ 透明
オフ ☑ オーバープ…	オフ ☑ オーバープ…
∨ ☐ 線	∨ ☐ 線
☐ カラー	☐ カラー
☐ 透明	☐ 透明
☐ オーバープ…	☐ オーバープ…
☐ 線幅	☐ 線幅
☐ 線端の形状	☐ 線端の形状
☐ 角の形状	☐ 角の形状
☐ 角の比率	☐ 角の比率
☐ 破線パターン	☐ 破線パターン
☑ 文字スタイル	☑ 文字スタイル
☑ 段落スタイル	☑ 段落スタイル

(キャンセル) (OK)

14

色見本をクリックして左からオレンジ色、黄色、緑色に変更

> memo ✏
>
> 塗りの色のみを抽出して適用するもうひとつの方法としては、[選択ツール] ![icon] でプレゼントを選択し「カラーパネル」で塗りボックスをクリックしてアクティブにします。その後すぐに[スポイトツール] ![icon] に切り替え shift を押しながら色見本の塗りの色を選択します。すると、クリックした箇所の色がアクティブになっているプレゼントの塗りに反映されます。このように、塗りか線のどちらか一方のカラーを変更したい場合に、アクティブにするボックスを切り替えてこの方法を使うと便利です。

05. 線の色のみを変える

　今度は抽出して適用するカラーを線のみにします。[スポイトツール]🖋をダブルクリックし、「スポイトツールオプション」ダイアログから[スポイトの抽出][スポイトの適用]ともに、[線]をオン、[塗り]をオフにして[OK]します **15**。プレゼントをそれぞれ選択し、[スポイトツール]🖋で上段左のプレゼントをクリックして **16**、線のカラーを適用すれば完成です **17**。

15

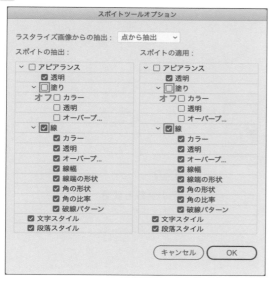

16

クリック

17

05 グローバルカラーで色を管理する

Lesson 3

Try

Level
⭐⭐⭐⭐⭐

複数のオブジェクトの色を一括で管理することができるグローバルカラーを使い、色の変更を行います。スウォッチパネルとグローバルカラーについて学んでいきましょう。

Global Color

Skill
○色の登録と変更
スウォッチパネル

01. ラベルデザインを作成する

ラベルデザインを作成しましょう。まず、[長方形ツール] ▢ で、長方形を作成します。「カラーパネル」で [線：なし] [塗り：R165／G216／B223] を設定しました **1**。[文字ツール] T に切り替え、長方形の中央に文字を配置します。「文字パネル」で [フォントファミリ Futura PT Bold]、「カラーパネル」で [塗

り：R238／G88／B64] に設定しました **2**。[直線ツール] ／ で、[shift] を押しながらドラッグし、上下に2本の直線をひきます。カラーは、[塗り：なし] [線：R123／G166／B239]、「線パネル」で [線幅：3px] に設定しました **3** **4**。　○文字パネルについてはP.119を参照

1

2

Global Color

アートボード上をクリックして文字を入力

3
開始　　　　　　　　[shift] ＋ドラッグ

Global Color

4

Global Color

02 . ラベルに使用されている色をグローバルカラーへ登録する

[選択ツール] ▶ で、ラベルデザインのオブジェクトすべてを選択し、「スウォッチパネル」の下部にある [新規カラーグループ] をクリックします 5 。

「新規カラーグループ」ダイアログで [作成元：選択したオブジェクト] を選択し、[プロセスをグローバルに変換] にチェックをいれて [OK] をクリックします 6 。スウォッチパネルに、3つの色がグローバルカラーとして追加されました 7 。

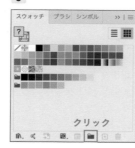

[新規カラーグループ]をクリック

ここでは仮に①②③と番号をふって解説していく

03 . グローバルカラーの色を変更する

「スウォッチパネル」に登録されているスウォッチをダブルクリックすると、「スウォッチオプション」ダイアログが表示されるので色を変更してみましょう。オブジェクトの選択を解除してから、②のスウォッチをダブルクリックして 8 、[R252／G249／

B122] と入力して [OK] をクリックすると、背景色が変更されました 9 10 。また、「スウォッチパネル」を用いるとオブジェクトのカラーを登録した色に一瞬で変更できます。上下の直線を選択し、①をクリックして色を変更しました 11 。

スウォッチをダブルクリックで「スウォッチオプション」ダイアログを表示

10

Global Color

11

Global Color

12

04 . オブジェクトのカラーを一括で変更する

文字と直線の色を一括で変更してみましょう。オブジェクトの選択を解除し、「スウォッチパネル」で①をダブルクリックします。手順03と同様の手順で、[R204／G102／B255] と入力し [OK] を押すと色が一括で変更されて完成です 12 13 。

13

Global Color

Try
06
Lesson 3

グラデーションで背景模様を作る

グラデーションを使って背景として使えるアートワークを作ります。グラデーションを使えば、よりリアルなイラストを描けたり、奥行きのあるデザインに仕上げたりすることができます。「グラデーションパネル」の基本的な操作を覚えましょう。

Level
★★★★★

ONLINE EVENT
働き方をアップデートしよう

Skill
○グラデーションの設定
グラデーションパネル

01. 塗りのみの長方形を作成する

今回はグラデーションの背景模様として使用するために、[長方形ツール] □で、アートボードと同サイズの長方形を作成します **1**。「カラーパネル」で[線：なし][塗り：R238／G238／B238]を設定しました。

02. グラデーションを設定する

[ウィンドウ]メニュー→[グラデーション]を選択し、「グラデーションパネル」を表示します。グラデーションの塗りボックスを選択し、[種類：線形グラデーション]をクリックすると **2**、白黒のグラデーションが反映されました **3**。

①前面に塗りを表示
②クリック

memo 🖊
今回は塗りのみのグラデーションにしたいので、グラデーションを適用させた際に線に色がついた場合は、線をなしに変更しましょう。

[種類：線形グラデーション]をクリック

03. グラデーションの色を変更する

まず、グラデーションスライダーの左にある[カラー分岐点]をダブルクリックしてパネルを表示させ 、カラーを[R252／G0／B255]に設定しましょう 5 6 。次に、グラデーションスライダーの右に ある[カラー分岐点]をダブルクリックし、カラーを[R0／G219／B222]に設定します 7 。左右の分岐点のカラーを設定したことで、長方形のカラーも変更されました 8 9 。

4

[カラー分岐点]をダブルクリック

5

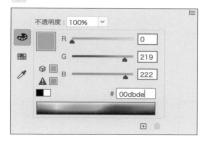

色の設定ができない場合は、右上のパネルメニューから表示モードを[RGB]に切り替える

6

長方形にカラーが適用された

7

8

9

先ほどと同様に長方形にカラーが適用された

04. グラデーションの角度を変える

右下から左上へのグラデーションに変更します。[選択ツール] ▶ で長方形を選択し、「グラデーションパネル」で[角度：120°]と入力すると 10 。120°の角度でグラデーションが設定されました 11 。

10

[角度：120°]と入力

11

05. 背景模様として活用する

仕上げにグラデーションを背景模様としてデザインしてみましょう。[長方形ツール] □ で[線幅：2px]、[線：R255／G255／B255][塗り：なし]の長方形を作成します。最後に、[文字ツール] T で[塗り：R255／G255／B255]の文字を描いて完成です 12 。

12

英字のフォントは[DIN Condensed Bold]、日本語は[小塚ゴシック Pro R]に設定

Try

07

Lesson 3

破線でかわいい罫線を作る

「線パネル」で線に破線を設定して、かわいい罫線を作ります。テキストの段落間に配置したり、囲み罫として使ったり、シンプルな破線でもいろいろな使い方ができます。破線に異なるピッチを設定してアレンジしてもよいでしょう。

Level
☆☆☆☆☆

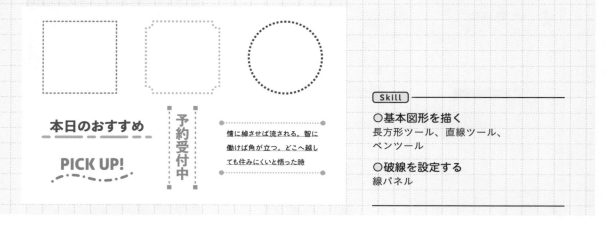

本日のおすすめ

PICK UP!

予約受付中

情に棹させば流される。智に働けば角が立つ。どこへ越しても住みにくいと悟った時

01. 長方形を描く

長方形の囲み罫を作成します。まずは、破線を適用するオブジェクトを用意しましょう。[長方形ツール] ▢ で、アートボード上をドラッグします。大きさは自由に設定して構いません。「線パネル」で [線幅：2pt]、「カラーパネル」で [線：C0／M80／Y30／K0] [塗り：なし] に設定します 1 2 。

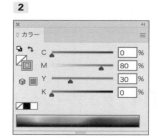

02. 線に破線の設定をする

長方形を選択したまま「線パネル」で [破線] をオンにすると線が破線になります 3 4 。線幅とのバランスを確認しながら [線分] と [間隔] の値を設定しましょう。作例では、[線分：2pt] [間隔：4pt] に設定しました。[線端：丸型線端] [角の形状：ラウンド結合] にすると、丸みのあるかわいらしい印象の破線が作成できます 5 6 。

「線パネル」で [破線] をオンにする

5

線

線幅： 2 pt
線端：
角の形状： 比率：
線の位置：

☑ 破線

2 pt | 4 pt
線分　間隔　線分　間隔　線分　間隔

6

memo 🖋

作例の長方形のように、角のある形状に破線を適用すると角の部分が不揃いになることがあります。この場合は「線パネル」で［コーナーやパス先端に破線の先端を整列］に切り替えるとコーナ部分がきれいに揃います❶。もうひとつの［線分と間隔の正確な長さを保持］は見た目のバランスよりも破線のピッチの正確さを優先する設定です❷。オブジェクトの形や適用結果に応じて使い分けましょう。

❶

❷

03. ドットの破線を作る

「線パネル」で破線を設定するとき、［線端：丸形線端］［線分：0］にすると、丸いドット状の破線になります。破線の［間隔］に線幅の2倍の値を設定すると、ドットと間隔が揃ってきれいに仕上がります。作例では、「線パネル」で **7** のように、線のカラーは、［C30／M0／Y100／K0］に設定しました **8** 。

7

線

線幅： 3 pt
線端：
角の形状： 比率： 10
線の位置：

☑ 破線

0 pt | 6 pt
線分　間隔　線分　間隔　線分　間隔

矢印：
倍率： 100% 100%
先端位置：

プロファイル： 均等

8

memo 🖋

長方形に破線を設定している場合は、「変形パネル」の［長方形のプロパティ］から［角の種類］を［角丸（内側）］などに変更してアレンジが可能です。その他にも楕円など、いろいろな形に適用して活用しましょう。

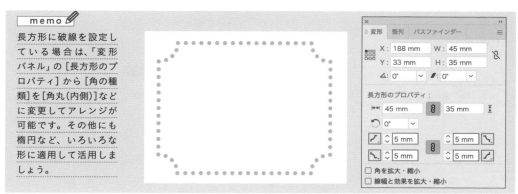

変形　整列　パスファインダー

X： 188 mm　W： 45 mm
Y： 33 mm　H： 35 mm
∠： 0°　　 0°

長方形のプロパティ：

45 mm　　35 mm
0°
5 mm　　5 mm
5 mm　　5 mm

☐ 角を拡大・縮小
☐ 線幅と効果を拡大・縮小

04. 四角の破線を作る

　四角の破線は「線パネル」で［線端：なし］［角の形状：マイター結合］に設定し、［線幅］と破線の［線分］に同じ値を設定すると作成できます。［間隔］などはバランスをみて設定しましょう。作例では、［楕円形ツール］◯で正円を描き、「線パネル」で **9** のように、線のカラーは、［C100／M80／Y30／K0］に設定しました **10** 。

9

10

05. 破線に複数のピッチを設定する

　「線パネル」ではひとつの破線に対し、最大で3種類のピッチが設定できるようになっています。異なる長さの破線を組み合わせる事によって、ランダム感の演出や模様のような表現ができます。基本図形だけでなく［ペンツール］🖊️などで描いた曲線に適用しても楽しい印象になります。

11 では、［直線ツール］／で直線を描き、「線パネル」で **12** のように、線のカラーは、［C0／M30／Y100／K0］に設定しました。**13** では、［ペンツール］🖊️で曲線を描き、「線パネル」で **14** のように、線のカラーは、［C40／M50／Y0／K0］に設定しました。［文字ツール］Ｔで文字を配置して完成です。

○文字の入力についてはP.118を参照

11

フォントは「凸版文久見出しゴシック StdN EB」、文字のカラーは［C90／M75／Y0／K0］を設定

13

フォントは「Aller Display」を設定

12

14

06. 矢印と組み合わせる

破線は矢印との組み合わせが可能です。破線を適用したオブジェクトを選択した状態で、「線パネル」の [矢印] のドロップダウンメニューから矢印の始点と終点のデザインを選択し、必要に応じて [倍率] を設定しましょう。

15 では、[直線ツール] ⟋ で直線を描き、「線パネ

ル」で **16** のように、線のカラーは、[C20／M30／Y40／K0] に設定しました。**17** では、[直線ツール] ⟋ で直線を描き、「線パネル」で **18** のように、線のカラーは、[C70／M0／Y20／K0] に設定しました。作例のように、段落や見出しの飾り罫として利用すると便利です。

15

情に棹させば流される。智に働けば角が立つ。
どこへ越しても住みにくいと悟った時、詩が生れ
て、画が出来る。とかくに人の世は住みにくい。
意地を通せば窮屈だ。

フォントは「TBちび丸ゴシックPlusK Pro R」を設定、
文字のカラーは[C0／M0／Y0／K100]を設定

16

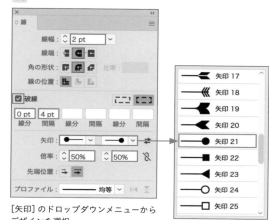

[矢印] のドロップダウンメニューから
デザインを選択

17

フォントは「凸版文久見出し
ゴシック StdN EB」、文字の
カラーは [C0／M70／Y100／
K0]を設定

18

[矢印22]を選択

---

point ⊗

矢印にはさまざまなデザインが
用意されています。ブラシなど
を作らなくても、破線との組み
合わせで簡単にデザインのアク
セントになるパーツを作成でき
ます。パスの線端に飾りをつけ
る機能のため、作例のように
オープンパスに設定して利用し
ましょう。

Try

08
Lesson 3

ブラシで手描き感のある
イラストにする

ランダムの設定を利用できる散布ブラシと［ジグザグ］効果を使って手書き感のある
ストロークを表現します。散布ブラシや効果のしくみを学習しながらチャレンジし
てみましょう。

Level
★★★★★

Skill

○**ブラシを作成する**
散布ブラシ

○**効果を適用する**
ジグザグ効果

○**プリセットのブラシを活用する**
ブラシライブラリを開く

01 . 散布ブラシを作成する

　［楕円形ツール］◯を選び、 shift を押しな
がらドラッグして小さめの正円を描きます **1** 。
「変形パネル」を使って［幅：0.5mm］［高さ：
0.5mm］に調整します **2** 。塗りのカラーは必ず
［C0／M0／Y0／K100］（RGBの場合は［R0／G0／
B0］）で、線はなしにしておきましょう **3** 。

　正円を選択し、「ブラシパネル」の［新規ブラ
シ］をクリックします **4** 。「新規ブラシ」ダイア
ログが表示されたら、［散布ブラシ］を選んで
［OK］をクリックします **5** 。

1

［楕円形ツール］で小さめの正円を描く

2

point

Illustratorのブラシはいずれも、「登録時のオブジェク
ト の 大 き さ」＝「ブラシを1ptで適用した時の大きさ」
になっています。この作例では、大きい円で作成す
ると線に適用したときに線幅での制御が難しくなる
ため、小さい円で作成しています。

3

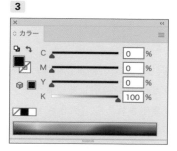

4

[新規ブラシ]をクリック

5

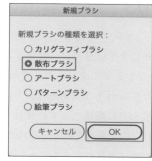

[散布ブラシ] を選択して [OK] をク
リック

> **memo** 🖉
> オブジェクトを「ブラシパネル」の空いている箇所へド
> ラッグ&ドロップしても同じようにブラシが作成でき
> ますが、作例のように小さなパーツの場合は、「ブラシ
> パネル」の [新規ブラシ] をクリックで作成するとミス
> がありません。

02. 散布ブラシの設定を調整する

「散布ブラシオプション」ダイアログが表示さ
れたら、[サイズ] [間隔] [散布] の項目をすべて
ランダムに変更し、 **6** を参考に [最小] と [最
大] の値を設定しましょう。[回転の基準：パス]
に、[着色] の [方式] は必ず [彩色] にします。
[OK] をクリックしてブラシ設定は終了です。

> **point** 🔍
> [ランダム] に設定すると、[最小] と [最大] の値の範囲
> 内で各項目のパラメーターがランダムに割り振られる
> ブラシが作成できます。ここでは手書き風のゆらぎを
> 表現するのに [ランダム] を活用しています。

> **memo** 🖉
> 「ブラシパネル」でブラシのサムネイルをダブルクリッ
> クすると、「散布ブラシオプション」の項目を再編集で
> きます。はじめは適当な数値で設定しておき、ブラシ
> 適用後にプレビューで結果を確認しながら再設定して
> もよいでしょう。

6

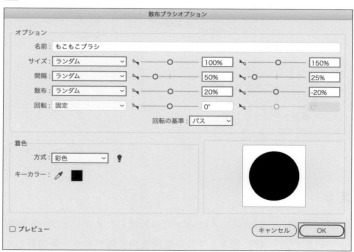

「散布ブラシオプション」ダイアログの設定例

03. ブラシ適用後の線に「ジグザグ」効果をかける

[ペンツール] ✐ などで描いた線のイラストを用意します。今回は、サンプルデータの「3-08_sozai.ai」をダブルクリックしてIllustratorで開き、くまとリボンのイラストをコピー＆ペーストしてアートボードに配置します。全体を選択し **7**、「ブラシ」パネルで先ほどのブラシのサムネイルをクリックして線に適用してみましょう **8** **9**。このままでは曲線の部分がガタついて見えるので、効果で見た目を

整えます。

イラスト全体を選択したまま、[効果]メニュー→[パスの変形]→[ジグザグ...]を適用しましょう。「ジグザグ」ダイアログが表示されたら、[大きさ：0]にします。[プレビュー]をオンにして結果を確認しながら、[折り返し]に適当な数値を設定して[OK]をクリックします **10** **11** **12**。

7

8

先ほど作成したブラシのサムネイルをクリック

9

曲線の部分がガタついて見える

10

ここでは、[折り返し：10]に設定

11

「アピアランスパネル」で[ジグザグ]効果が適用されているのが確認できる

12

[ジグザグ]効果でブラシの適用結果が滑らかになった

> **memo** ✏
> [大きさ：0]の[ジグザグ]効果を使うと、パスのセグメント上に指定した数だけアンカーポイントを増やすことができます。効果によって散布ブラシの適用結果が滑らかになりますが、[折り返し]に大きな数値を設定すると処理が重くなる傾向にあります。[折り返し]の値は様子を見て調整しましょう。

04. 線幅や線のカラーを整える

作例の散布ブラシは、ブラシ適用後に設定した線幅や線のカラーを反映する仕組みになっています。イラストの雰囲気などに合わせて自由に調整しましょう。作例では、背景として[線：なし][塗り：

C0／M10／Y15／K0]に設定したオブジェクトを最背面に置き、ブラシ適用後の線幅やカラーを変更して完成です。作例では、紫色の線のみ[線幅：1pt]で、その他は[線幅：1.5pt]に設定しています **13**。

Lesson 3 | Study | Try | 塗りと線

13

memo ブラシ登録時のパーツをグレースケールで作成し、[着色]の[方式]で[彩色]を設定すると、ブラシ適用後の線のカラーがブラシのパーツに反映されます。アートブラシやパターンブラシも同様の仕組みです。

線のカラーは [紫色：C45／M40／Y0／K0] [ピンク色：C0／M60／Y30／K0] [水色：C45／M5／Y25／K0] の3色にそれぞれ変更した

Column ブラシライブラリを活用する

「ブラシパネル」の[ブラシライブラリメニュー]を選択すると、目的に応じてさまざまなブラシを読み込むことができます。手書き風の表現ができるブラシも多数用意されていますので、気になるものがあったらオブジェクトに適用してみましょう。

01 ブラシを適用する

リボンには、[ブラシライブラリメニュー]をクリックして**1**、**2**から[アート]→[アート_木炭・鉛筆]→[木炭（鉛筆）]を適用しました**3 4**。くまには、[ベクトルパック]→[グランジブラシベクトルパック]→[グランジブラシベクトルパック 02]を適用し**5**、[線幅：0.05pt]に設定しました**6**。

02 ブラシを調整する

6のように、アートブラシでできているものは、手書き風のモチーフがストロークに沿って伸びることで、ブラシ適用しただけでは間延びした印象になってしまうことがあります。こういった場合は「線パネル」で破線を適用して使うと、不自然に伸びてしまうのを軽減できます**7**。

クリック

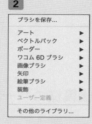

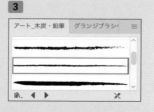

[木炭（鉛筆）]が適用された

[グランジブラシベクトルパック 02]が適用された

 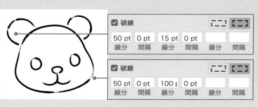

Try

09
Lesson 3

和柄パターンを作る

パターン編集モードを使って、日本の伝統模様のパターンスウォッチを作成します。タイルの種類や設定を活かすと、少ないパーツで華やかな模様をすばやく作れます。

Level
★ ★ ★ ★ ★

Skill

○基本図形を描く
長方形ツール、楕円形ツール、
多角形ツール

○パターンスウォッチを作成する
スウォッチパネル、
パターン編集モード、
パターンオプションパネル

01. 市松模様のパーツを作る

　[長方形ツール] で、shift を押しながらドラッグして正方形を描きます 1 。「カラーパネル」で線はなし、塗りは [C5／M10／Y30／K0] に設定しました。正方形を選択したまま、command（Ctrl）＋C でコピーし、command（Ctrl）＋F で同位置の前面に複製します。複製後は、前面の正方形が選択されているので、塗りのカラーを [C10／M20／Y40／K0] に変更します 2 。

　そのまま [オブジェクト] メニュー→[パス]→[グリッドに分割...] を実行します。「グリッドに分割」ダイアログで [行][列] ともに [段数：2][間隔：0] に設定して [OK] をクリックすると、正方形が格子状に4等分されます 3 4 。4等分された正方形のうち、右上と左下の2つを [選択ツール] で選択し、delete で削除します 5 。

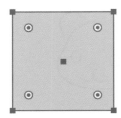
大きさは自由に設定してよい

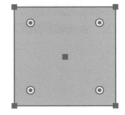
command（Ctrl）＋C、command（Ctrl）＋F で同位置に複製し、カラーを設定

グリッドに分割	
行	列
段数：2	段数：2
高さ：5 mm	幅：5 mm
間隔：0 mm	間隔：0 mm
合計：10 mm	合計：10 mm

□ ガイドを追加

□ プレビュー　　　（キャンセル）（OK）

4

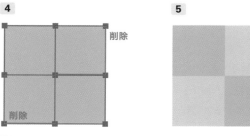

削除

削除

前面の正方形がグリッドに分
割された

5

右上、左下の正方形を削除する

02 . パターンスウォッチに登録して適用する

　市松模様のパーツ全体を選択し **6** 、「スウォッチパネル」の空いている箇所にド
ラッグ＆ドロップすると、パターンとして登録されます **7** 。オブジェクトを作
成して選択し、「スウォッチパネル」でパターンスウォッチのサムネールをクリッ
クすると **8** 、塗りや線にパターンを適用することができます **9** 。

6

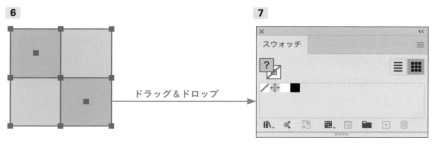

ドラッグ＆ドロップ

7

パーツ全体を「スウォッチパ
ネル」へドラッグ＆ドロップ

8

ここでは、長方形を作成してサムネールをク
リック

9

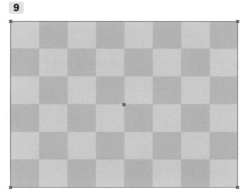

オブジェクトの塗りにパターンが適用された

---

memo 🖋

パターンスウォッチは [オブジェクト] メニュー→[パターン]
→[作成] からでも作成できますが、ここでは「スウォッチパ
ネル」を使っています。パネルが表示されていない場合は
[ウィンドウ] メニュー→[スウォッチ] から表示しましょう。

03. 七宝模様のパーツを作る

［楕円形ツール］◎に切り替えて、shift を押しながらドラッグし、自由な大きさで正円を描きます 10 。「カラーパネル」で［線：なし］［塗り：C5／M40／Y10／K0］に設定しました。描けた正円を［選択ツール］▶ で選択し、「スウォッチパネル」の空いている箇所にドラッグ＆ドロップしてパターン登録します 11 。

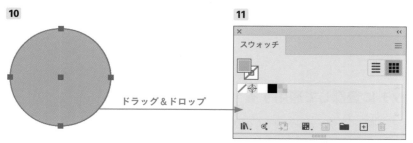

正円を「スウォッチパネル」へドラッグ＆ドロップ

04. パターン編集モードで七宝模様にする

この時点では円が隙間なくグリッド状に並んでいる状態なので、七宝模様になるよう再編集していきましょう。なにも選択していない状態で、「スウォッチパネル」で先ほど登録したパターンのサムネールをダブルクリックします 12 。

パターン編集モードに入ると現在の円の大きさぴったりにタイルが定義されているのが分かります 13 。［選択ツール］▶ で円のパーツを選び、shift ＋ X で線と塗りのカラーを入れ替えましょう 14 。

「パターンオプションパネル」で［縦横比を維持］

がオフになっているのを確認し、［幅］の値の末尾に［/2］を入力して半分にします 15 。この状態で［タイルの種類］を［レンガ（縦）］［レンガオフセット：1/2］に設定すると 16 、円が上下左右に重なって七宝模様になります。

パターン編集モードを終了するには、画面右上の［パターン編集モードを解除］ボタンをクリックまたは esc を押します 17 。市松模様と同様に、「スウォッチパネル」から好きなオブジェクトに適用して利用しましょう 18 19 。

パターンのサムネールをダブルクリック

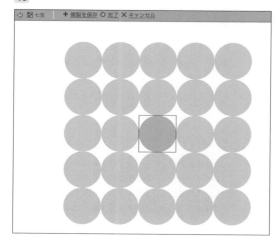

14

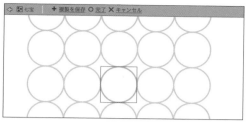

shift + X で円の線と塗りのカラーを入れ替える

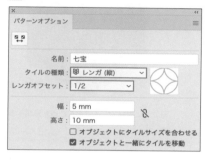

memo ✎

パネルなどの値を入力するエリアでは、四則演算を使った簡単な計算が可能です。「＋」「－」「/（割り算）」「・（掛け算）」の他、「%」などが使えます。

16

18

point 🔍

パターンのタイルは、登録時のオブジェクトの線幅も含んだ大きさで定義されます。作例のように線を使ったパターンの場合、パターン編集モードに入ってから線を適用するとタイルの大きさを正確に制御しやすく、あとから線幅の変更にも対応できてきれいに仕上がります。

15

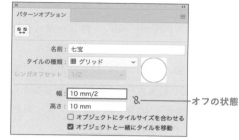

オフの状態

［幅］の値の末尾に［/2］を入力

17

ここでは円のパーツを［線幅：1pt］に設定した

19

オブジェクトの塗りにパターンが適用された

05. 亀甲模様のパーツを作る

[多角形ツール] ◎ で shift を押しながら正六角形を描きます **20**。「カラーパネル」で線はなし、塗りは [C100／M80／Y0／K30] に設定しました。[選択ツール] ▶ に切り替えたら、shift を押しながらバウンディングボックスで90°回転させ、尖った部分が上になるようにしましょう **21**。

六角形を選択したまま command（Ctrl）+ C、command（Ctrl）+ F で同位置の前面に複製します。前面に複製された六角形は、「線パネル」で [線幅：2pt]、「カラーパネル」で [線：C50／M30／Y30／K0] [塗り：なし] に設定しました **22**。前面の六角形を選択したまま、option（Alt）+ shift を押しながらバウンディングボックスを使って一回り小さく縮小します **23**。

同じ手順でもうひとつ六角形を複製し、中央に小さく配置しましょう。3つ目の六角形は線をなし、塗りに [C70／M50／Y0／K0] を設定しました **24**。

20

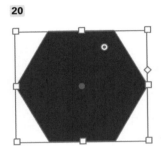

shift を押しながら正六角形を作成

21

90°回転

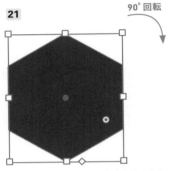

正六角形を回転して尖った部分を上にする

22

同位置に複製した正六角形に線を適用する

23

ドラッグ

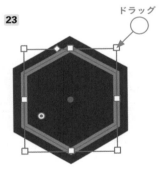

shift を押しながら縮小して一回り小さくする

24

正六角形を複製し、小さく中央に配置してカラーを設定する

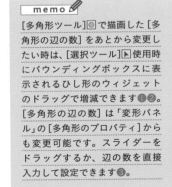

memo

[多角形ツール] ◎ で描画した [多角形の辺の数] をあとから変更したい時は、[選択ツール] ▶ 使用時にバウンディングボックスに表示されるひし形のウィジェットのドラッグで増減できます❶❷。[多角形の辺の数] は「変形パネル」の [多角形のプロパティ] からも変更可能です。スライダーをドラッグするか、辺の数を直接入力して設定できます❸。

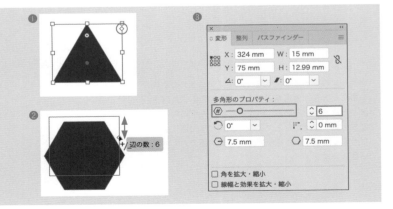

06 . パターン編集モードで亀甲模様にする

市松模様、七宝模様と同様の手順でパーツ全体を
パターンに登録します **25** **26** 。「スウォッチパネル」
でサムネイルをダブルクリックしてパターン編集
モードに入ったら **27** 、「パターンオプションパネル」
で［タイルの種類：六角形（横）］に変更します **28** 。

パーツが隙間なく並んでいるのを確認したら **29** 、［パ
ターン編集モードを解除］ボタンなどでパターン編集
モードを終了します。「スウォッチパネル」から好きな
オブジェクトに適用して利用しましょう **30** **31** 。

25

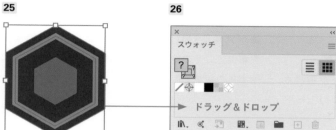

パーツ全体を選択

26

選択したパーツを「スウォッチパネル」へド
ラッグ＆ドロップ

27

パターンのサムネイルをダブルクリック

28

29

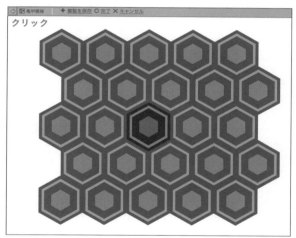

タイルの種類を「六角形（横）」にすると、六角形のパーツが隙間なく並ぶ

30

31

オブジェクトの塗りにパターンが適用された

07 . パターンスウォッチを更新する

新たにモチーフを用意して、既にあるパターンスウォッチを上書き更新してみましょう。ここでは、先ほど作った亀甲模様のパーツを複製し、アレンジしたものを使って更新します。ベースの正六角形の塗りを[C0／M30／Y10／K0]、内側の正六角形の線を[C0／M60／Y30／K0]に変更します。中央には、サンプルデータの「3-09_sozai.ai」をダブルクリックしてIllustratorで開き、花のモチーフをコピー＆ペーストして中央に整列し、配置しましょう **32**。

更新用のパーツ全体を選択し、「スウォッチパネル」の更新したいパターンのサムネールの上へド

ラッグし、option（Alt）を押しながらドロップします **33**。パターンを更新すると、[タイルの種類]はデフォルトの[グリッド]に戻るようになっています。グリッド以外の設定を利用している場合は、「スウォッチパネル」で更新されたパターンのサムネールをダブルクリックし **34**、パターン編集モードであらためてタイルの設定を行いましょう。ここでは、[六角形（横）]を設定し直しました **35 36 37**。更新後は、その他のパターンスウォッチと同様に利用することができます。

32

花のモチーフはバウンディングボックスで拡大縮小してサイズを調整する

33

サムネールの上へ option（Alt）を押しながらドラッグ＆ドロップ

34

パターンのサムネールをダブルクリック

35

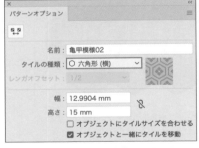

あらためてタイルを「六角形（横）」に設定し直す

36

[パターン編集モードを解除]ボタンをクリック

37

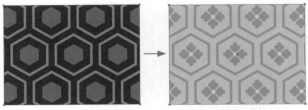

パターンが上書き更新された

memo

パターンスウォッチを上書きすると、パターンを使用している箇所すべてが一括で更新されます。設定を流用してあらたなパターンを作成したい場合は、「スウォッチパネル」でスウォッチを選択し、[新規スウォッチ]をクリックして複製したものを編集しましょう。

Lesson 4
文字

この章では、文字に関する基本知識や、Illustratorで
文字を扱う機能について学習します。文字の世界は奥
が深く、機能以外の知識も多く必要となりますが、最
初は単純に文字を扱うところから始めれば大丈夫です。
あまり身構えず、必要に応じて少しずつ知識を身につ
けていきましょう。

01
Lesson 4

文字について知ろう

文字に関して必要な情報は多岐にわたります。必要最低限のところから始め、徐々に深い知識を身につけていくとよいでしょう。

📖 文字の基本

デザインにおいて文字を扱うことは、テキストエディタなどで文章を単純に入力するだけとは異なります。印象をコントロールしたり、読みやすさを追求するなど、考慮すべきことが多くあり、文字に関するさまざまな知識が必要です。書体をどれにする

か、大きさや文字同士の間隔は適しているか、装飾をどうするかなど、文字の取り扱いには、デザインの印象をコントロールするために大切な要素が詰まっています。

デザインにおいては文字のさまざまな要素を考慮することが必要

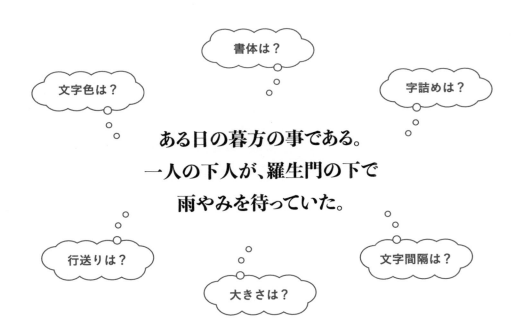

📖 文字を組むということ

複数の文字を並べて単語や文章の体裁を作ることを「文字を組む」と表現し、総じて「文字組み」と呼びます。ひとつずつの文字は、「仮想ボディ」と呼ばれる枠の中に収まるようにすべてデザインされています。この仮想ボディを密着して並べることで、基本的な文字組みは実現されます。ベースラインは並んだ文字を揃える基準です。さらに、欧文フォントでは、文字の形の基準となるさまざまな補助線が存在しています。少なくとも、「仮想ボディ」と「ベースライン」の2つは覚えておくとよいでしょう。

文字組みの構造

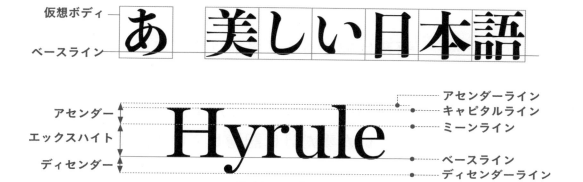

欧文フォント

📖 文字詰め

仮装ボディを密着させて単純に並べた文字の組み方を「ベタ組み」と呼びます。ベタ組みは文字組みにおける基本ですが、文字にはさまざまな形があるため、そのままでは間隔のバラつきが目立つことがあります。このバラつきが均等に見えるように文字の位置を調整した組み方を「詰め組み」と呼びます。どちらが正しいということではなく、状況に応じて使い分けるのが一般的です。見出しやタイトルなどの目立つ文字では詰め組みにしてバランスをとることが多くあります。

「ベタ組み」と「詰め組み」を使い分ける

ベタ組み イーハトーヴォの

隙間が広く感じる

詰め組み イーハトーヴォの

間隔が均等に見えるように文字間隔を調整

📖 文章を組むときの知識

　長めの文章では、一定の文字数で自動的に次の行へ移るような組み方をするのが一般的です。ある行の文字の上端から、次の行の文字の上端までの間隔を「行送り」と呼びます。行送りは狭すぎても広すぎても読みづらくなるので、適したバランスに設定することが大切です。また、まとまった意味合いで続く文章をひとつのグループとし、それらを分割することで読みやすさを整えることがあります。このひとつのグループを「段落」と呼びます。段落では、その区切りがわかるように新しい段落の最初を1文字分下げたり、段落の間を少し広めに開けたりするのが一般的です。

一般的に文章中の改行が入るところまでがひとつの段落

○吾輩は猫である。名前はまだ無い。 ── 段落

段落開始を示す
一字下げ

○どこで生れたかとんと見当がつかぬ。何でも薄暗いじめじめした所でニャーニャー泣いていた事だけは記憶している。第一毛をもって装飾されべきはずの顔がつるつるしてまるで薬缶だ。…（中略）…どうも咽せぽくて実に弱った。これが人間の飲む煙草というものである事はようやくこの頃知った。 ── 段落

行送り

○この書生の掌の裏でしばらくはよい心持に坐っておったが、しばらくすると非常な速力で運転し始めた。…（中略）…それまでは記憶しているがあとは何の事やらいくら考え出そうとしても分らない。 ── 段落

📖 書体（フォント）について

文字を扱う時に、まず覚えておきたいのが「書体」です。一貫したルールのもとでデザインされた複数の文字を指し、「フォント」と表現することもあります。厳密には書体とフォントは意味合いが異なりますが、初めのうちは違いを意識する必要はありません。その場に適した書体を選択できることは、デザイナーに求められるスキルのひとつです。

書体には多くの種類がありますが、まずは身近なところとして、アルファベットを中心とした欧文のみを扱える「欧文書体」、日本語も揃った「和文書体」に分かれることを覚えておきましょう。

フォントのデザインによって受け取る印象が大きく変わる

和文書体

A1明朝
フォントは心の声色

新ゴ
フォントは心の声色

秀英丸ゴシック
フォントは心の声色

闘龍
フォントは心の声色

ABクアドラ
フォントは心の声色

はるひ学園
フォントは心の声色

欧文書体

Helvetica Neue
Typography

Times New Roman
Typography

Bickham Script Pro 3
Typography

DIN Next LT Pro
Typography

Amador
Typography

Zebrawood Std
TYPOGRAPHY

113

Illustratorで文字を扱おう

Illustratorで扱う文字は、大きく3つに分類されます。それぞれの特徴と適した用途を把握し、うまく使い分けることが大切です。

📖 Illustratorにおける文字の種類

Illustratorで扱う文字を総じて「文字オブジェクト」と呼び、3つの種類があります。もっとも基本的なのが「ポイント文字」、決まったエリアの中に作られる「エリア内文字」、パスの形に沿って配置される「パス上文字」です。

■[ポイント文字]

もっとも基本的な文字オブジェクトです。入力した文字が改行されるまで、どこまでも1行で伸び続けます。行揃えの基準となるアンカーポイントをひとつだけ持っています。見出しや短い文を単発で使いたい時に、よく用いられます。

山路を登りながら

■[エリア内文字]

特定のパスの中に、文字を敷き詰めるように配置した文字オブジェクトです。エリアを定義するパスのことを「テキストエリア」と呼び、文字はすべてこのテキストエリアに収まるように配置されます。一定の量がある文章を扱う時によく用いられます。

情に棹させば流される。智に働けば角が立つ。どこへ越しても住みにくいと悟った時、詩が生れて、画が出来る。とかくに人の世は住みにくい。

■[パス上文字]

特定のパスに沿って文字を配置した文字オブジェクトです。基本となるパスのことを「テキストパス」と呼び、文字はこのパスに沿うように配置されます。特殊な文字デザインの処理に用いられます。

山路を登りながら

📖 ポイント文字を作成する

[文字ツール] T [文字(縦)ツール] IT で、ドキュメント上をクリックすると、ポイント文字が作成されます。

ポイント文字の作成方法

クリック

↓

山路を登りながら

📖 エリア内文字を作成する

[文字ツール] T [文字（縦）ツール] IT でドキュメント上をドラッグすると、その形をテキストエリアとするエリア内文字が作成されます。あるいは、あらかじめ用意したパスを [エリア内文字ツール] T

[エリア内文字（縦）ツール] IT でクリックすることで、そのパスをエリア内文字に変換できます。長方形以外の形をテキストエリアにしたい時は、この方法を使いましょう。

エリア内文字の作成方法は2種類

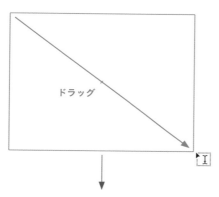

ドラッグ

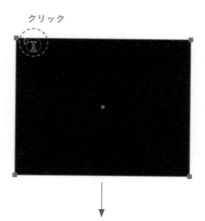

クリック

情に棹させば流される。智に働けば角が立つ。どこへ越しても住みにくいと悟った時、詩が生れて、画が出来る。とかく

情に棹させば流される。智に働けば角が立つ。どこへ越しても住みにくいと悟った時、詩が生れて、画が出来

📖 パス上文字を作成する

パスオブジェクトのパスを [パス上文字ツール] [パス上文字（縦）ツール] でクリックすると、パス上文字に変換されます。

パス上文字の作成方法

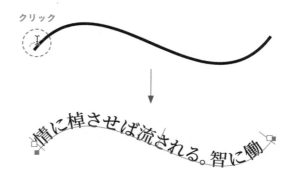

クリック

情に棹させば流される。智に働

115

📖 エリア内文字の調整

　エリア内上文字を選択した状態で、[書式] メニュー→[エリア内文字オプション…] を選択すると、テキストエリアの大きさや外側の余白を数値で指定したり、エリアを分割して2列以上の段組みにすることも可能です。また、テキストの上下揃えの位置もここで変更できます。

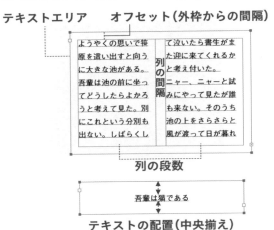

テキストエリア　　オフセット(外枠からの間隔)

列の段数

テキストの配置(中央揃え)

エリア内文字の詳細を設定するオプション

📖 パス上文字の調整

　パス上文字は、左右と中央に「ブラケット」と呼ばれる線が表示されており、左右のブラケットをドラッグすると、パス上で文字を配置する範囲を変更できます。また、中央のブラケットをパスの逆側へドラッグすると、パスを配置する方向を逆転できま

す。さらに、パス上文字を選択した状態で、[書式] メニュー→[パス上文字オプション]→[パス上文字オプション…] を選択すると、文字の角度やパスに対する文字の位置、間隔などを変更可能です。

ブラケット

中央ブラケットを
パスの逆側にドラッグ

パス上文字の詳細を設定するオプション

📖 サンプルテキストについて

初期設定では、文字オブジェクトを新規に作成した直後、入力した覚えのない「山地を登りながら」や「情に棹させば流される」などの文字が自動で入力されます。これは、文字オブジェクトが作成されたことを明確にする「サンプルテキストの割り付け」という機能です。このサンプルテキストを消し

てから、希望する文字に書き換えましょう。邪魔な時は、[Illustrator] メニュー（[編集] メニュー）→ [環境設定] → [テキスト…] の項目にある [新規オブジェクトにサンプルテキストを割り付け] をオフにすると無効にできます。

サンプルテキストはオン・オフが可能

山路を登りながら

環境設定

一般
選択範囲・アンカー表示
テキスト
単位
ガイド・グリッド
スマートガイド
スライス
ハイフネーション
プラグイン・仮想記憶ディスク
ユーザーインターフェイス
パフォーマンス
ファイル管理・クリップボード
ブラックのアピアランス
デバイス

テキスト

サイズ / 行送り： 2 pt

トラッキング： 20 /1000 em

ベースラインシフト： 2 pt

言語オプション

☑ 東アジア言語のオプションを表示
☐ インド言語のオプションを表示

☐ テキストオブジェクトの選択範囲をパスに制限
☐ フォント名を英語表記 ⓘ
☐ 新規エリア内文字の自動サイズ調整
☑ フォントメニュー内のフォントプレビューを表示
最近使用したフォントの表示数： 10
☑ 「さらに検索」で日本語フォントを表示 ⓘ
☑ 見つからない字形の保護を有効にする
☑ 代替フォントを強調表示
☑ 新規テキストオブジェクトにサンプルテキストを割り付け
☑ 選択された文字の異体字を表示

キャンセル   OK

03 文字の操作を知ろう

文字の種類を覚えたら、次は文字に対する操作を学習しましょう。ここでは最低限知っておきたい基本的な機能を紹介します。

📖 文字の入力について

文字オブジェクトを作成した直後や、文字オブジェクトを[文字ツール] T でクリックした時は、文字の入力モードになり、キーボードを使って文字を入力できます。文字の入力位置には点滅する線状のカーソル（キャレット）があり、キーボードの矢印キーを使って位置を移動できます。入力モードを終了したい時は、command（Ctrl）+ return（Enter）または esc を押すか、別のツールに切り替えます。

入力した文字はキャレットの位置に追加される

キャレット

入力モード　山路を登り｜ながら

↓ command（Ctrl）+ return（Enter）または esc

入力モード終了　山路を登りながら

📖 文字の選択について

文字の選択には、「文字を選択する」「文字オブジェクトとして選択する」の2種類があります。前者は、文字の入力モード時に任意の文字をドラッグして選択することで、文字編集における選択を指します。後者は、[選択ツール] ▶ を使って文字をオブジェクトとして選択することを指します。ややこしい話ですが、初心者のうちは混同しやすいので、これらの違いを意識しておきましょう。

文脈によって選択の違いがあることを意識

[文字ツール]でドラッグ
（選択された文字は色が反転する）
→

文字を選択

山路を登りながら
文字オブジェクトとして選択

📖「文字パネル」を使う

　フォントを変更したり、大きさや縦横比率、行送りを調整するなど、文字に関する属性は「文字パネル」を使って操作します。「文字パネル」には、設定できる項目が多く存在しますが、最初のうちは図で示したところだけを使えば問題ないでしょう。

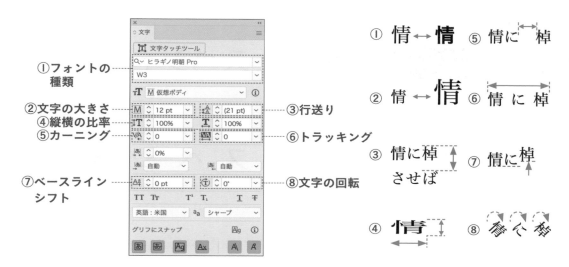

📖 カーニングを調整する

　文字を「詰め組み」する時に欠かせないのが「カーニング」の機能です。カーニングとは、ペアとなる2文字の間隔を調整することを指します。対象の文字の間にキャレットを立て、「文字パネル」の［文字間のカーニングを調整］の項目に数値を入れて調整します。

　ただ、文字数が多い時は手動によるカーニングだと作業が大変なので、自動カーニングを使うとよい

でしょう。文字をオブジェクトとして選択し、数値入力欄の右の三角ボタンを押して「メトリクス」または「オプティカル」を選択することで、自動でカーニングを設定できます。この2つの違いを理解するには専門的な知識が必要になるので、ここでは触れません。基本は「メトリクス」を選択し、思うようにならない時に「オプティカル」を使うようにするとよいでしょう。

2文字の間隔を個別に調整

2文字間のカーニング調整　　　自動でカーニング調整

📖 トラッキングを調整する

カーニングは特定の2文字の間のみを調整したのに対し、複数文字の間隔を均一に調整するのが「トラッキング」機能です。調整したい文字だけをドラッグで選択するか、文字をオブジェクトとして選択した状態で、「文字パネル」の[選択した文字のトラッキングを調整]の値を変更します。値はカーニングと同じで、プラスとマイナスで広げたり狭めたりします。

複数文字の間隔を均一に狭めたり広げたりする

選択した文字の間隔だけ調整 　　　　　文字全体の間隔を調整

📖 「段落パネル」を使う

文字を扱う上では「段落パネル」も欠かせません。これも「文字パネル」同様に設定項目が多いパネルですが、初めのうちは「行揃え」「禁則処理」「文字組み」のみを使えば問題ありません。

「段落パネル」で段落に関するさまざまな処理を行う

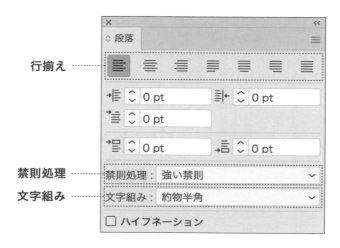

📖 行揃えを変更する

　行揃えは、行の始まり位置をどこに合わせるか指定する機能です。全部で7種類の揃え方を選べますが、基本的なものは「左揃え」「中央揃え」「右揃え」の3つです。これらは、ポイント文字、エリア内文字、パス上文字すべてで利用できます。ほかの4つはエリア内文字のみ有効です。一般的には「ジャスティファイ」と呼ばれ、段落最終行以外の両端をテキストエリアの左右に綺麗に揃えます。

`行の開始位置をどの位置に揃えるか指定`

左揃え	中央揃え	右揃え
山路を登りながら	山路を登りながら	山路を登りながら

情に棹させば流される。智に働けば角が立つ。どこへ越しても住みにくいと悟った時、詩が生れて、画が出来る。とかくに人の世は住みにくい。

（左揃え・中央揃え・右揃え）

均等配置　均等配置　均等配置　両端揃え

最終行左揃え　最終行中央揃え　最終行右揃え

情に棹させば流される。智に働けば角が立つ。どこへ越しても住みにくいと悟った時、詩が生れて、画が出来る。とかくに人の世は住みにくい。

📖 禁則処理について

　段落の中で文字が次の行へ折り返される時、行頭や行末に適さない文字が配置されるのを禁止する処理を「禁則処理」と呼びます。「段落パネル」の[禁則処理]で「弱い禁則」「強い禁則」を選ぶと有効になります。それぞれ、禁則の対象となる文字の種類が異なります。

`文字の送りや間隔を調整して行頭や行末に適さない文字を制御`

ようやくの思いで笹原を這い出すと向うに大きな池がある。吾輩は池の前に坐ってどうしたらよかろうと考えて見た。別にこれという分別も出な

ようやくの思いで笹原を這い出すと向うに大きな池がある。吾輩は池の前に坐ってどうしたらよかろうと考えて見た。別にこれという分別も出

禁則処理なし　　　　　　　　　　禁則処理あり

121

文字組みについて

括弧や句読点など、通常の文字と異なる記号を「約物（やくもの）」と呼びます。この約物や英数字前後のアキ具合を調整しながら全体の文字間隔を整えるのが、「段落パネル」の［文字組み］です。［文字組みアキ量設定］を選ぶと独自の設定が作れますが、設定項目が非常に多く、専門的な知識が必要となるので、初めのうちは初期設定で登録されている［なし］［約物半角］［行末半角約物］［行末全角約物］［約物全角］のいずれかを使うとよいでしょう。「文字パネル」で［メトリクス］を選んでも約物や英数字の前後が詰まらず困るときは、ここを「なし」にします。

約物や英数字前後のアキと全体の文字間を調整

グラフィック・デザインは、英語でGraphic　Designと表します。平面上に図や画像、文字などを体裁よく並べ、情報などを視覚的に分かりやすい表現で伝達する手段です。

なし

グラフィック・デザインは、英語で Graphic Design と表します。平面上に図や画像、文字などを体裁よく並べ、情報などを視覚的に分かりやすい表現で伝達する手段です。

約物半角

グラフィック・デザインは、英語で Graphic Design と表します。平面上に図や画像、文字などを体裁よく並べ、情報などを視覚的に分かりやすい表現で伝達する手段です。

行末約物半角

グラフィック・デザインは、英語で Graphic Design と表します。平面上に図や画像、文字などを体裁よく並べ、情報などを視覚的に分かりやすい表現で伝達する手段です。

行末役物全角

グラフィック・デザインは、英語で Graphic Design と表します。平面上に図や画像、文字などを体裁よく並べ、情報などを視覚的に分かりやすい表現で伝達する手段です。

約物全角

グラフィック・デザインは、英語でGraphic Designと表します。平面上に図や画像、文字などを体裁よく並べ、情報などを視覚的に分かりやすい表現で伝達する手段です。

オリジナル設定

グラフィック×デザインは、
英語でGraphic Designと表します。

**［カーニング：メトリクス］にしても
約物や欧文の前後にアキが残る**

グラフィック・デザインは、
英語でGraphic Designと表します。

**［カーニング：メトリクス］で
［文字組み：なし］にした状態**

📖 縦書きの文字を作成する

文字関連のツールには、名前に「(縦)」と付いたものがありますが、これらはすべて縦書きの文字オブジェクトを作成するためのツールです。ポイント文字、エリア内文字、パス上文字それぞれに縦書き用が存在します。なお、文字関連のツールでは、 shift を押している間は横書きと縦書きが入れ替わるので、[文字ツール] T で shift を押しながらクリックすると、縦書きの文字オブジェクトを作成できます。また、文字オブジェクトを選択した状態で[書式]メニュー→[組み方向]から任意の方向を選ぶことで、縦書きと横書きを入れ替え可能です。

山路を登りながら

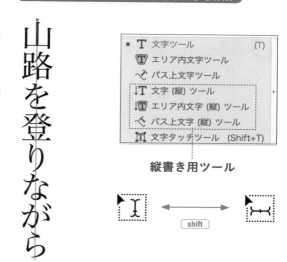

縦書き用のツールを使って縦書き文字を作成

縦書き用ツール

shift

📖 縦書きの中の英数字を回転する、一部を横書きにする

通常、縦書きで半角英数字を入力すると文字が90°回転した状態になります。これを垂直にしたい時は、任意の文字をドラッグで選択して、「文字パネル」のパネルメニューから[縦組み中の欧文回転]を選択します。すべての文字を回転したい時は、文字をオブジェクトとして選択してから適用するとよいでしょう。

また、縦書きの中に2桁程度の数字が登場するとき、数字だけを横書きにすることがあります。これを、Illustratorの中では「縦中横(たてちゅうよこ)」と呼びます。縦中横にしたい数字をドラッグで選択し、「文字パネル」のパネルメニューから[縦中横]を選択します。これで、縦書きの中に横書きを混在できます。

英数字を回転して垂直にする・一部だけを横書きにする

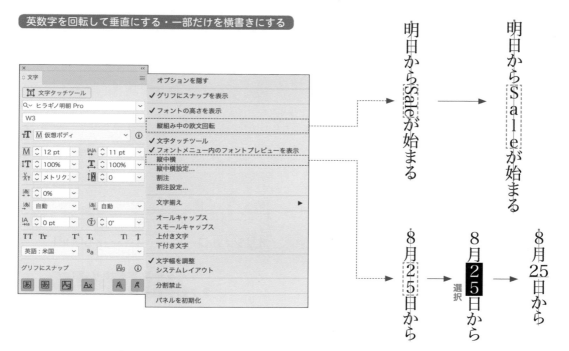

Study
04
Lesson 4

便利な文字の機能を知ろう

Illustratorには、文字を扱う時に便利な機能が数多く搭載されています。すべてを紹介するのは難しいため、初歩レベルでも比較的使う頻度が高いものを中心に紹介します。

📖 個別に文字を操作する［文字タッチツール］

1文字単位で大きさや位置、角度などを調整したい時は［文字タッチツール］🔠 が便利です。文字オブジェクトの任意の文字を［文字タッチツール］🔠 でクリックすると、対象の周囲にバウンディングボックスが表示されます。文字自体をドラッグして位置を自由に移動したり、ハンドルをドラッグして大きさや角度を調整できます。

1文字単位で自由に大きさや角度などを調整可能

垂直方向拡大・縮小　　角度　　縦横比固定拡大・縮小

位置　　　　水平方向拡大・縮小

📖 自由に伸縮する空白を挿入する「タブ」

文字入力時にキーボードの tab を押すと、「タブ」と呼ばれる特殊な文字が入力されます。普通のスペースのように感じますが、このタブは文字の幅を自由にコントロールできるのが特徴です。

タブを入力した文字オブジェクトを選択し、［ウィンドウ］メニュー→［書式］→［タブ］を選択すると、

タブを制御するための「タブルーラー」が上部に表示されます。この定規を使うことで、タブの幅を自由に調整したり、タブの空白を指定した文字で埋めたりできます。メニュー表などを作成する時によく使う機能です。

タブの位置で自由に余白の大きさを伸縮可能

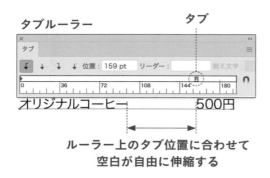

ルーラー上のタブ位置に合わせて
空白が自由に伸縮する

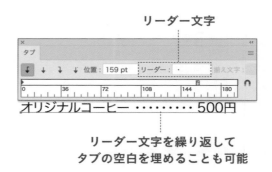

リーダー文字を繰り返して
タブの空白を埋めることも可能

📖 エリア内文字を連結する「スレッドテキスト」

エリア内文字の右下（縦書きの場合は左下）にある「スレッド出力ポイント」をクリックしたあと、続けて任意の場所をクリックすると、その位置に新しいテキストボックスが作成されます。この時、2つのエリア内文字は「スレッドテキスト」としてリンクされ、一方に入力した文章の続きが新しいエリア内文字に流れます。スレッドテキストは、いくつでも増やすことが可能です。

なお、複数のパスオブジェクトを選択した状態で、[書式]メニュー→[スレッドテキストオプション]→[作成]を実行することで、一気にスレッドテキストへ変換もできます。

複数のエリア内文字を1つのテキストエリアとして扱える

クリック

クリック

吾輩は猫である。名前はまだ無い。
どこで生れたかとんと見当がつかぬ。何でも薄暗いじめじめした所でニャーニャー泣いていた事だけは記憶している。吾輩はここで始めて人間というものを見た。しかもあとで聞くとそれは書生という人間中で一番｜獰悪な種族であったそうだ。この書生というのは時々我々を捕えて煮て食うという話である。

スレッド出力ポイント

吾輩は猫である。名前はまだ無い。
どこで生れたかとんと見当がつかぬ。何でも薄暗いじめじめした所でニャーニャー泣いていた事だけは記憶している。吾輩はここで始めて人間というものを見た。しかもあとで聞くとそれは書生という人間中で一番｜獰悪な種族であったそうだ。この書生というのは時々我々を捕えて煮て食うという話である。しかしその当時は何という

考もなかったから別段恐しいとも思わなかった。ただ彼の掌に載せられてスーと持ち上げられた時何だかフワフワした感じがあったばかりである。掌の上で少し落ちついて書生の顔を見たのがいわゆる人間というものの見始であろう。この時妙なものだと思った感じが今でも残っている。第一毛をもって装飾されべきはずの顔がつるつるしてまるで薬缶だ。

スレッドテキスト
（続きが次のテキストエリアへ流れる）

📖 文字を図形にする「アウトライン化」

文字オブジェクトのままでは、文字自体の形を編集するなどの作業はできません。このような時は、文字オブジェクトを選択し、[書式]メニュー→[アウトラインを作成する]を実行することで、パスオブジェクトに変換できます。

パスオブジェクトに変換した文字は、通常の図形と同じように自由に編集できるようになります。ただし、一度アウトライン化したオブジェクトを再び文字オブジェクトに戻すことはできないので、実行するタイミングは十分考慮しましょう。

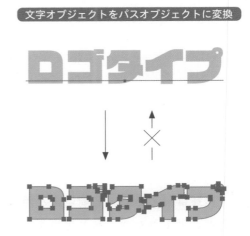

文字オブジェクトをパスオブジェクトに変換

📖 「文字スタイル」と「段落スタイル」

デザインの中で、同じ設定の文字を複数使うことは少なくありません。このような時は「文字スタイル」と「段落スタイル」を使うと便利です。[ウィンドウ]メニュー→[書式]から[文字スタイル][段落スタイル]を選択することで、それぞれのパネルを表示できます。[新規スタイルを作成]をクリックして、新しいスタイルを作成します。設定画面では、フォントの種類やサイズ、文字カラーなどを定義できます。登録したスタイルを使う時は、文字を選択した状態でそれぞれのパネルからスタイルをクリックして選ぶだけです。文字スタイルは文字単位、段落スタイルは段落単位のスタイルを定義できます。スタイルの設定を変更すると対応する文字も自動で更新されます。

文字の設定を効率よく管理

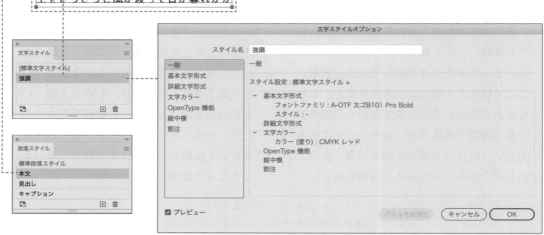

📖 文章の重なりを避ける「テキストの回り込み」

オブジェクトを選択し、[オブジェクト]メニュー→[テキストの回り込み]→[作成]を実行すると、そのオブジェクトは「テキストの回り込み」機能が有効になります。このオブジェクトをエリア内文字の前面に重ねると、文章がオブジェクトを避けるように配置されます。これが「テキストの回り込み」です。オブジェクトと文章の間隔などは、[オブジェクト]メニュー→[テキストの回り込み]→[テキストの回り込みオプション...]で調整可能です。文章が図形や写真を避けるようにレイアウトしたい時に便利な機能です。

回り込みを設定したオブジェクト

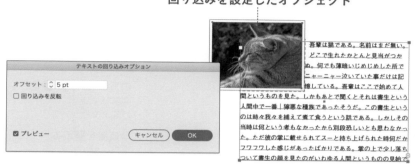

📖 Adobeが提供するフォント集「Adobe Fonts」

Adobe Creative CloudユーザーであればPCにインストールされているフォント以外に、Adobeが提供している数多くのフォントを使うことができます。[書式]メニュー→[Adobe Fontsのその他のフォント...]を選択すると、自動でWebブラウザが起動し、Adobe Fontsのサイトにアクセスします。そのまま、必要に応じてAdobeアカウントでログインすれば、利用可能なフォント一覧が表示されます。Adobe Fontsのラインナップ数は膨大なので、ページ左カラムのフィルターなどを使って絞り込み、希望のフォントを見つけたらフォント名右の[ファミリーを表示]をクリックします。フォントの詳細画面では、リストの右端に[アクティベート]のスイッチがあるので、これをオンにするだけで自動的にPCへ同期され、Illustratorで使えるようになります。Adobe Fontsは、欧文フォントだけでなく和文フォントも充実しているので、大いに活用するとよいでしょう。

[アクティベート]スイッチを押すと自動でPCへ同期

Adobe Fontsサイト

フォントファミリー詳細

Try
05
Lesson 4

アーチ上に文字を配置したロゴ

Level
★★★★★

オブジェクト（パス）に沿って文字を入力する場合は「パス上文字ツール」を使います。円に沿って文字を書き、ロゴを作成してみましょう。パスであれば直線や曲線のオープンパス、図形のクローズパスにも沿った文字を描くことができます。

┌─ Skill ─┐

○**文字の入力、設定**
文字パネル、
パス上文字ツール

○**位置を揃える**
定規、ガイド

01. アートボードとガイドを用意する

新規ドキュメントを、[幅：300px] [高さ：300px] [カラーモード：RGBカラー] の設定で作成します **1**。

まずは、正確にオブジェクトを配置するために、アートボードの中心に、水平・垂直なガイドを用意しましょう。[アートボードツール] 🔲 をクリックした状態で、[表示] メニュー→ [定規] → [定規を表示] をクリックし、定規を表示させます **2**。垂直に線を引く場合は、ウィンドウの左に表示された定規からドラッグして引き出し、水平に引く場合は、ウィンドウの上に表示された定規からドラッグすると作成できます **3**。

1

ここでは、[150px]がセンター位置となる

2

3

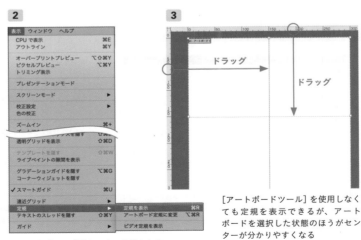

[アートボードツール] を使用しなくても定規を表示できるが、アートボードを選択した状態のほうがセンターが分かりやすくなる

02．輪郭となる2つの円を描く

[楕円形ツール] ◎ で、大小2つの正円を描きましょう。大きな正円を
[幅：265px] [高さ：265px]、小さな正円を [幅：165px] [高さ：165px] で
作成し、アートボードの中央に配置します **4** **5** 。カラーは[線：R45／
G150／B72] [塗り：なし]、「線パネル」で **6** のように設定しました **7** 。

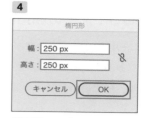

[楕円形ツール]でアートボード
上をクリックして数値を入力

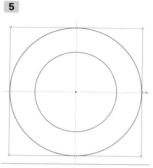

正円を2つ描き中心に揃える

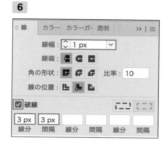

[線幅：1px]、[破線]にチェックを入
れて[線分：3px] [間隔：3px]に設定

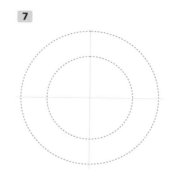

03．文字を配置するための円を描く

パス上文字を描くために、まずはパスオブジェクトを用意しましょう。[楕
円形ツール] ◎ で、小さな円よりも少しだけ大きい [幅：170px] [高さ：
170px]の正円を描き、中央に配置します **8** 。

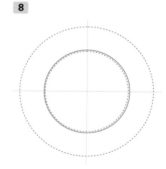

他の円と区別しやすいよう、[破線]を
オフにした

04．円に沿って文字を描く

[パス上文字ツール] ◇ に切り替え、先ほど描いた円の上にカーソルを
合わせます。パスが表示されたらクリックし **9** 、文字を入力します **10** 。
カラーは[線：なし] [塗り：R45／G150／B72]、「文字パネル」から[フォン
トファミリ：Roboto Thin] [フォントサイズ：41px]に設定しました。

図のような表示に切り替
わったらクリック

05. 文字の開始位置を調整する

円に沿って描いた文字が左右バランスよく配置されるよう、文字の開始位置を調整します。[選択ツール] ▶ で描いた文字を選択し **11**、文字の先頭にあるブラケットにカーソルを近づけると、**12** のようになるので、移動させて開始位置を調整します **13**。

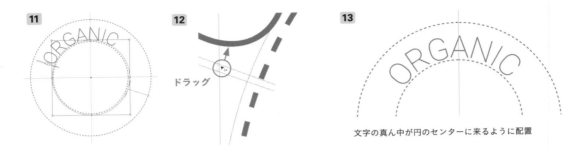

文字の真ん中が円のセンターに来るように配置

06. 再度、円を作成しパス上文字を描く

[楕円形ツール] ◯ を使い、手順03〜04と同様の操作を行います。

幅と高さともに [170px] の正円を描き **14**、[パス上文字ツール] で、描いた円のパス上にカーソルを合わせてクリックし、文字を入力します。カラーやフォントなどの設定も先ほどと同じです **15**。

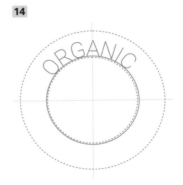

すぐに文字位置を調整するので同じ位置に重なっている状態で構わない

07. 文字を反時計回りにする

[選択ツール] ▶ で、手順06で作成した文字を選択してから、「ツールパネル」上の [パス上文字ツール] をダブルクリックし、「パス上文字オプション」ダイアログを開きます。[反転] にチェックを入れ、[パス上の位置：アセンダ] を選択して [OK] します **16**。

08. パス上文字を調整する

下部の文字が、上部の文字よりも正円からの距離が広いため、[選択ツール] ▶ で「GARDEN CAFE」を選択し、「文字パネル」で [ベースラインシフト：5px] としました **17** **18**。

水平なガイドに先頭文字がぴったりくっつくように文字の開始位置を調整します。[選択ツール] ▶ で文字を選択したあと、手順05と同じ操作で移動させました **19**。

17

18

水平の中心線にGとEが揃うようなイメージ
で配置を決めていく

19

ドラッグ

ブラケットにカーソルを近づけたあと、移動
させる

上下の文字間がすべて均等になるように調整して
いきます。複数の文字間のバランスを取る時は、ト
ラッキングを使いましょう。「GARDEN」と「CAFE」を
それぞれ選択して、[トラッキング：40]にしまし
た **20** **21**。「ORGANIC」は[トラッキング：115]とし

ました **22**。最後に、下部の文字の左右のバランス
を整えましょう。2文字間の調整は、カーニングを
使用します。「C」の前にカーソルを合わせて[カーニ
ング：500]と設定します **23** **24**。

20

選択

21

22

23

カーソルを合わせる

24

09. コーヒーカップのアイコンを配置する

サンプルデータの「4-05_
sozai.ai」をIllustratorで開いて
コピー＆ペーストし、コーヒー
カップを円の中心に配置すれ
ば完成です **25**。

25

memo 🖉

カーニングをひとつずつより細か
に微調整したい場合は、[文字ツー
ル]Tで文字の間にカーソルを合わ
せ、option（Alt）＋◀▶を使うと便利
です。

option（Alt）＋◀▶

131

Try

06
Lesson 4

Level
★★★★★

ランダムに踊るタイトル文字

大きさや角度がランダムに配置されたタイトル文字を作ります。文字タッチツールの基本的な使い方を学びましょう。

Skill
○文字の入力、設定
文字パネル、文字タッチツール

01. アートボード上に文字を描く

新規ドキュメントを、[幅：760px][幅：428px][カラーモード：RGBカラー]の設定で作成します **1**。[文字ツール][T]で、1行ずつ別々のテキストボックスで文字を描きます。「文字パネル」で[フォントファミリ：平成丸ゴシック Std W8][フォントサイズ：75px]に設定しました **2**。

2

あさごはん

食べよう！

文字を描いたら、command([Ctrl])＋return([Enter])または esc でいったん終了する

1

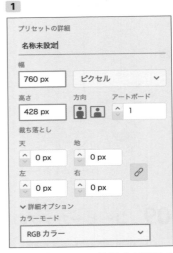

[ファイル]メニュー→[新規...]を選択して新規ドキュメントを作成

02. 文字の線と塗りを設定する

[選択ツール] ▶ で文字をすべて選択し、文字の線と塗りを設定します。[線：R0／G0／B0]［塗り：R254／G223／B74］としました **3**。

文字オブジェクトをすべて選択してカラーを設定

03. 文字の大きさをランダムに変更する

[文字タッチツール] 🔲 で大きさを変えたい文字をクリックすると、クリックした文字のみ選択されます **4**。「文字パネル」で、選択した文字のサイズを変更しましょう **5 6**。同じ要領で、その他の文字もサイズをランダムに調整します **7**。

大きさを変えたい文字をクリック

「文字パネル」で[フォントサイズ]を変更

作例では、「あ」「さ」「！」を[150px]、「食」を[96px]に設定

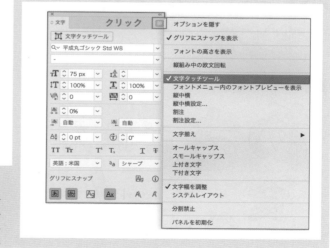

memo ✏

「文字パネル」からでも[文字タッチツール]🔲 に切り替えられます。表示されていない場合は、パネルメニューから、[文字タッチツール]にチェックを入れて表示させます。

04. 文字タッチツールを使い、文字の角度をランダムに変える

[文字タッチツール] 🖮 で文字を選択し、文字の真上の白丸にカーソルを合わせてドラッグすると角度を変更できます 8 。位置を水平・垂直方向に移動させたい場合は、文字を選択してからドラッグします 9 。同じ要領で他の文字も 10 のように調整しましょう。

文字真上の白丸をドラッグで角度を変更

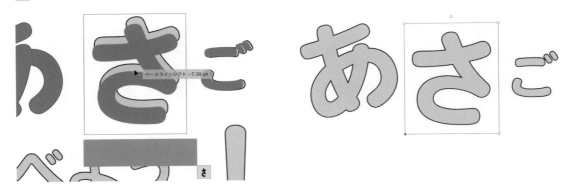

文字を選択しドラッグで移動

> **point** 🔍
> 見た目を整えるため、[文字ツール] 🆃 で調整したい文字間にキャレットを移動させ、 option (Alt) +
> ◀ ▶ でカーニングを調整します。

05. 装飾を作成し写真背景を配置する

まずは装飾を作成します。[ペンツール] ✒ で、文字の下に弧を描きましょう。塗りはなし、線のカラーはそれぞれ [R254／G223／B74] [R0／G0／B0] に設定しました （※注）。

最後に写真を背景として配置します。[ファイル] メニュー→[配置...]でフォルダーが開くので、サンプルデータの「4-06_sozai.psd」を選択して配置します。 shift を押しながらドラッグして拡大し、アートボードにぴったり合うように重ねましょう。写真を選択したまま右クリックで 12 、[重ね順]→[最背面へ]を選択すると 13 、写真が最背面へ送られて完成です 14 。

○画像の配置についてはP189を参照

11

線のカラーが異なる2つの線を描く

12

13

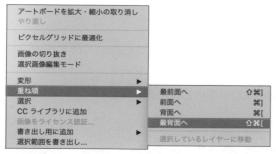

14

Try

07

Lesson 4

文字をアウトライン化して作るロゴ

インパクトのあるタイトルロゴを作るにはフォントを工夫するとよいでしょう。フォントの形を大胆に変えるにはフォントの「アウトライン化」が必要です。形を先に作って最後に色をつけるとデザインをまとめやすくなります。

Level
★★★★★

銀河鉄道の夜

Skill

○テキストの作成
文字ツール

○テキストの変形
ダイレクト選択ツール、
アウトラインを作成、
複合パスの編集モード

01. フォントを選ぶ

[文字ツール] T で、アートボード上をクリックして文字を入力します。文字を選択し、「文字パネル」から [フォントファミリ：VDL Ｖ７丸ゴシック EB] に設定します **1 2**。

1

2

銀河鉄道の夜

任意のフォントでもよいが、
タイトルロゴなので視認性の
よい太いものがおすすめ

02. 文字のサイズを調整する

文字の大きさを調整します。[文字ツール] T で、「の」をドラッグして選択し **3**、「文字パネル」のフォントサイズの数値を調整して、漢字よりも小さくしておきます **4**。漢字とひらがな（助詞）のサイズを変えることで、よりメリハリが生まれます **5**。

3

銀河鉄道の夜

4

```
× 文字  OpenType                   ≪
⊞ 文字タッチツール
Q～ VDL V 7丸ゴシック           ∨
EB                             ∨
┳T Ⓜ 仮想ボディ              ∨  ⓘ
M  ⟨⟩ 44 pt    ∨   ↕A⟨⟩ (77 pt) ∨
↕T ⟨⟩ 100%     ∨   ┬ ⟨⟩ 100%   ∨
VA ⟨⟩ 80      ∨   VA⟨⟩ 0       ∨
グリフにスナップ              Ag  ⓘ
あ  あ  Ag  Ax  │ A   A
```

5

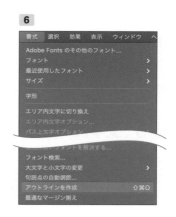

03. 文字をアウトライン化する

　文字を選択した状態で、[書式]メニュー→[アウトラインを作成]を選択します **6**。文字がアウトライン化できました **7**。アウトライン化をすると文字の形を自由に編集できる代わりに、文字を入力し直したりフォントの種類を変更したりすることはできなくなります。

6

```
書式  選択  効果  表示  ウィンドウ  ヘ
Adobe Fonts のその他のフォント...
フォント                        ＞
最近使用したフォント             ＞
サイズ                          ＞
字形
エリア内文字に切り換え
エリア内文字オプション...
パス上文字オプション...
欠落しているフォントを解決する...
フォント検索...
大文字と小文字の変更            ＞
句読点の自動調節...
アウトラインを作成          ⇧⌘O
最適なマージン揃え
```

7

04. 文字の一部をバラバラにする①

　「河」の口の部分を削除するために、文字をバラバラにしましょう。アウトライン化した文字は、グループや複合パスとして文字ごとにまとめて管理されているので、はじめにグループと複合パスを解除します。編集したい文字を右クリックして[グループを解除]すると、1文字ずつ選択して編集できるようになります **8**。オブジェクトをダブルクリックすると、複合パスの編集モードに切り替わるので、不要な要素を選択して削除します **9** **10**。この編集モードは、ヘッダーの左矢印をクリックするか、なにもないところをダブルクリックして解除しましょう **11**。

8

```
アウトラインを作成の取り消し
グループ解除のやり直し
ピクセルグリッドに最適化
遠近                           ＞
画像の切り抜き
選択グループ編集モード
グループ解除
単純化...
変形                           ＞
重ね順                         ＞
選択                           ＞
CC ライブラリに追加
書き出し用に追加
選択範囲を書き出し...
```

9

「河」の口の部分を選択し、[delete]で削除

10

11

左矢印をクリックして編集モードを解除

137

05. 文字の一部を図形に置き換える①

[スタートツール] 🌟 で、アートボード上をドラッグして星を描き、手順04で削除した箇所へ配置します 。星の大きさを整えたら、[ダイレクト選択ツール] ▷ に切り替えます。星の内側に丸いライブコーナーウィジェットの丸いアイコンが表示されるので、アイコンを内側へドラッグして星の角を丸め、既存の文字の形となじませます 。

ライブコーナー

ドラッグ

06. 文字の一部をバラバラにする②

[ダイレクト選択ツール] ▷ で「夜」の点の部分の4つのパスを選択し 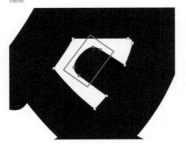、delete でパスを削除します。不要なパスを削除すると、残った方の文字は「オープンパス」のオブジェクトになり、その後の加工に支障をきたす場合があるので、ドラッグで選択してから [オブジェクト] メニュー→ [パス] → [パスの連結] でパスをつなげておきましょう 。

shift ＋クリックで4点をクリックして、4つのアンカーポイントをすべて選択

赤線の箇所のパスが途切れているので [パスの連結] でつなげる

07. 文字の一部を図形に置き換える②

　漢字の内側の横棒を削除してみましょう。[長方形ツール]⬜で「銀」の横棒を覆うような長方形を描き、漢字と長方形を選択します **16**。「パスファインダーパネル」から[前面オブジェクトで型抜き]を選択すると **17**、長方形の形で漢字が型抜きされます **18**。

16

17

18

08. 着色と微調整を行う

　手順05と同様に「道」のしんにょうの点を削除したあと、それぞれ星を配置しました **19**。さらにカラーを設定すれば完成です **20**。それぞれ、[青：R0／G0／B170][黄色：R255／G204／B0][灰色：R156／G172／B173][緑：R5／G147／B52]に設定しました。

19

銀河鉄道の夜

「道」も編集モードで不要な要素を選択して削除

20

銀河鉄道の夜

Try

08

Lesson 4

タブを使ったメニューのリスト

Level
★★★★★

メニューや目次、成分表示などを作成するときに便利な「タブパネル」を使って文字を整列します。タブ揃えやリーダー、揃え文字など、タブ組みのための基本的な機能をおさえておきましょう。

Menu

フィナンシェ……………¥160
マドレーヌ………………¥180
プレーンサブレ…………¥200
ギフトセット………¥1,500から

Skill
○タブを活用したメニューの作成
制御文字を表示、タブパネル

01. タブ入力したテキストを用意する

　ここでは、小さなメニュー表を例にして解説します。長方形の背景を敷き、飾り罫の長方形とタイトルの文字オブジェクトを配置した状態から始めます。サンプルデータの「4-08_sozai.ai」をIllustratorで開いて進めていきましょう **1**。

　[文字ツール] **T** で、アートボード上をクリックしてテキストを入力します。ここでは、商品名と値段の間に [tab] を入力して **2** のように区切りました。塗りのカラーは [C0／M0／Y0／K100]、「文字パネル」から、[フォントファミリ：FOT-筑紫A丸ゴシック Std B] [フォントサイズ：15Q] [カーニング：メトリクス] に設定しました **3**。

1

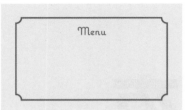

2

3

この作例では、環境設定から文字の単位を「級」に設定（環境設定についてはP19を参照）

全角スペース　半角スペース

情に棹させば・流される。¶　──段落の終わり（ハードリターン）

智に働けば─角が立つ。¶

タブ──»　どこへ越しても¬　──強制改行（ソフトリターン）

住みにくいと悟った時、¬

詩が生れて、画が出来る。#──テキストの終端

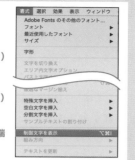

書式　選択　効果　表示　ウィンドウ
Adobe Fonts のその他のフォント...
フォント
最近使用したフォント
サイズ
字形
文字を切り替え
エリア内文字オプション
段落の前後のマージン揃え
特殊文字を挿入
空白文字を挿入
分割文字を挿入
サンプルテキストの割り付け
制御文字を表示　⌥⌘I
組み方向
テキストを更新

02. タブパネルを表示する

文字オブジェクトを選択して[ウィンドウ]メニュー→[書式]→[タブ]を実行するか、shift + command（Ctrl）+ T を押すと、選択中のテキストオブジェクトの真上に「タブパネル」が表示されます 。

03. タブ揃えを設定する

文字オブジェクトを選択している状態で、「タブパネル」で[右揃えタブ]を選び、揃えたい位置でタブ定規の上をクリックします 5 6。タブ定規上に配置されたタブはドラッグで位置を変更できますが、正確に指定したい時はタブを選んでから[位置]に数値を入力するとよいでしょう。

4

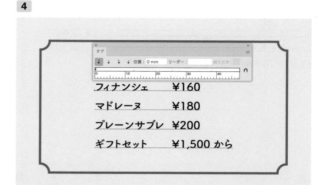

フィナンシェ　　　¥160
マドレーヌ　　　　¥180
プレーンサブレ　¥200
ギフトセット　　　¥1,500 から

選択した文字オブジェクトの真上に「タブパネル」を表示した状態

5

[右揃えタブ]を選び、タブ定規の上に揃えたい位置でタブを配置

6

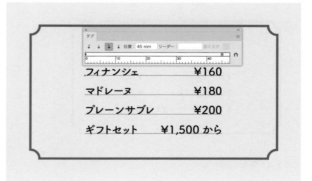

フィナンシェ　　　　　　¥160
マドレーヌ　　　　　　　¥180
プレーンサブレ　　　　¥200
ギフトセット　　¥1,500 から

04 . タブリーダーを設定し調整する

文字オブジェクトを選択したまま「タブパネル」の[リーダー]に文字を入力すると、入力した文字がタブの幅内で繰り返されます。

ここでは「・」（中黒）を入力し **7**、図のようなリーダー罫を挿入しました **8**。[文字ツール] T でドラッグしてテキスト中のタブだけを選択し、「文字パネル」で[垂直比率]と[水平比率]をそれぞれ[50%]

に設定しましょう。パネルメニューの[文字揃え]から[中央]を設定すると、行の中央にリーダー罫を配置することができます **9** **10**。

他のタブも同様に設定するか、設定済みのタブをコピー＆ペーストで挿入するなどして、体裁を整えたら完成です **11**。

7

[リーダー]に中黒を設定する

8

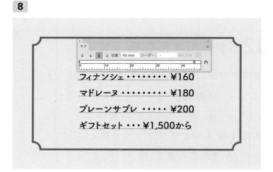

9

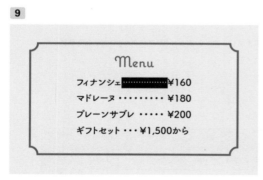

タブの部分だけ[文字ツール]で選択

10

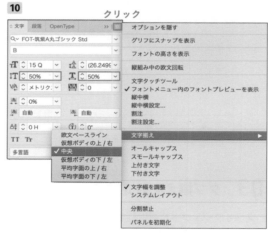

「文字パネル」でリーダーの大きさと位置を指定する

11

他のタブも整えて完成

---

memo

タブ組みテキスト中のタブは「文字パネル」を使った書式設定ができます。リーダーの位置や大きさを調整したい場合は、[フォントサイズ]や[ベースラインシフト]などを使っての設定も有効です。

Column その他のタブ揃え

「タブパネル」から設定できるタブ揃えでは、作例で使用した[右揃えタブ]を含めて4種類の揃え方があります。メニューや成分表など、用途や好みに応じて使い分けるとよいでしょう。

01 [左揃えタブ][中央揃えタブ]を選択する

同じメニュー表でも、手順03で[左揃えタブ][中央揃えタブ]を選ぶだけで印象が変わります 1 2 。

1

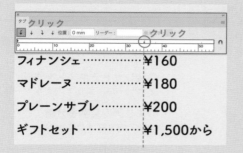

フィナンシェ……………	¥160
マドレーヌ ……………	¥180
プレーンサブレ ………	¥200
ギフトセット …………	¥1,500から

タブ以降のテキストが左端で揃う

2

フィナンシェ……………	¥160
マドレーヌ …………	¥180
プレーンサブレ ………	¥200
ギフトセット ………	¥1,500から

タブ以降のテキストが中央で揃う

02 [小数点揃えタブ]を活用する

[小数点揃えタブ]は小数点など特定の文字を基準に揃える設定で、成分表示のようなものを作成する時に便利です。基準にしたい文字をタブパネルの[揃え文字]に入力して設定しましょう 3 。[小数点揃えタブ]の[揃え文字]は、小数点以外を設定しても有効です。

3

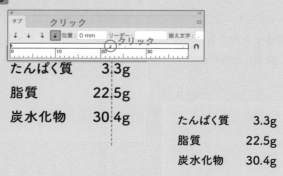

たんぱく質	3.3g
脂質	22.5g
炭水化物	30.4g

揃え文字を基準にテキストが揃う

Try

09

Lesson 4

スレッドテキストで段組を作る

Level
★★★★★

長い文章をレイアウトする時に便利なのが段組の機能です。複数のエリア内文字を連結して作るスレッドテキストを利用する方法と、エリア内文字オプションを利用する方法の2通りを解説します。

Illustratorでは自分で作成したアートワークをシンボルに登録することが可能で、登録したシンボルは「シンボル」パネルなどを経由して、ドキュメントに自由に配置できます。

シンボルは登録時のオブジェクトの状態を「マスターシンボル」として保持しています。それに対して、ドキュメントに配置されたシンボルを「シンボルインスタンス」と呼びます。

アートワークを単純に複製したものとは異なり、

シンボルインスタンスはマスターシンボルの状態を常に参照しています。このように、マスターシンボルとシンボルインスタンスとの間で親子関係を作れるのがこの機能の最大の特徴です。

Skill

○段組用のオブジェクトを作成
長方形ツール、グリッドに分割

○スレッドテキストを作成
文字ツール、エリア内文字ツール

○エリア内文字を分割
エリア内文字オプション

---

01. 長方形を描いて分割する

[長方形ツール] ▭ でアートボード上をドラッグし、背景として長方形のオブジェクトを描きます **1**。次に、背景よりも一回り小さい大きさで、テキストを流し込むための長方形を描画します **2**。描けたら [選択ツール] ▶ に切り替えて長方形を選び、[オブジェクト] メニュー→ [パス] → [グリッドに分割...] を実行します。

「グリッドに分割」ダイアログが表示されたら、[行] の [段数] は [1] のまま、[列] の [段数] を [2] にします。[プレビュー] をオンにして、バランスを確認しながら [間隔] にも適当な数値を設定しましょう **3**。[OK] をクリックすると、指定した大きさで長方形が分割されます **4**。

1

作例では、[幅：147mm] [高さ：64mm] [塗り：C0／M10／Y0／K0] で作成

2

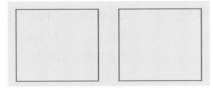

長方形にテキストを流し込む際に線や塗りのカラーは破棄されるが、作業のしやすいカラーを設定しておくとよい

3

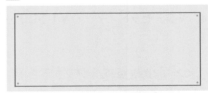

ここでは [間隔：15mm] に設定

4

長方形が2つに分割された

02. 長方形にテキストを流し込む

　[文字ツール] T に切り替え、左側の長方形のパスをクリックすると 5 、エリア内文字の文字オブジェクトに変換されます 6 。クリック直後はテキストが入力できる状態になっているので、サンプルデータの「4_09_text.txt」からコピー＆ペーストで流し込みましょう。

　完了したら文字オブジェクトを選択し、「文字パネル」で[フォントファミリ：TBちび丸ゴシックPlusK Pro R][フォントサイズ：12Q][カーニング：メトリクス] 7 、「段落パネル」で[行揃え：均等配置（最終行左揃え）] 8 に設定しました 9 。

5

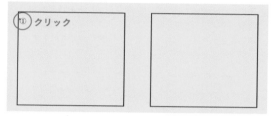

長方形の境界線に[文字ツール]を近づける

6

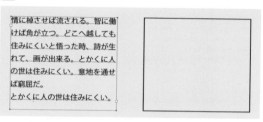

エリア内文字に変換されて、テキストが入力できるようになる

attention ⚠
[文字ツール] T でオブジェクトをエリア内文字に変換するときは、必ずパスの部分をクリックしましょう。マウスカーソルが図のように切り替わるのが目印です。

memo ✏
[Illustrator]メニュー（[編集]メニュー）→[環境設定]→[テキスト]の[新規テキストオブジェクトにサンプルテキストを割り付け]がオンの場合は、図のようにサンプルテキストが挿入されます。

7

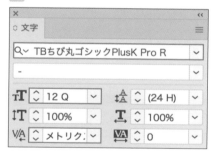

8

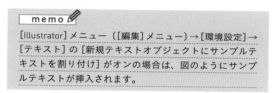

9

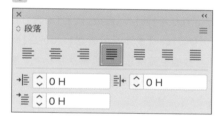

カラーは、[塗り：C0／M0／Y0／K100]に設定

03. スレッドテキストを作成する

　エリア内文字にテキストが収まらずにあふれていると、テキストエリアの右下にプラス（＋）のアイコンが表示されます。[選択ツール] ▶ でエリア内文字を選択し、プラスのアイコンをクリックしてからも

うひとつの長方形の境界線をクリックします 10 。エリア内文字に変換・連結されて、残りのテキストが流し込まれます 11 。これで2段組のスレッドテキストの完成です 12 。

10

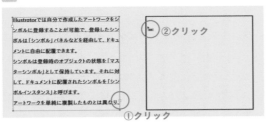

②クリック
①クリック

プラスのアイコンをクリックしてから、もうひとつの長方形のパスをクリック

11

長方形がエリア内文字に変換、連結された

12

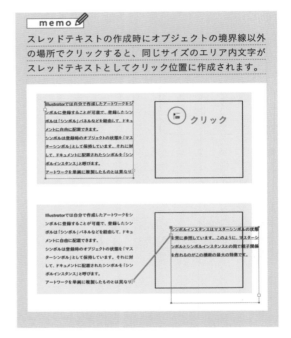

クリック

04. エリア内文字オプションで段組にする

連結ではなく、エリア内文字を分割して段組にしたい場合は、[選択ツール] ▶ でエリア内文字を選択し **13**、[書式] メニュー→[エリア内文字オプション…] を実行します。「エリア内文字オプション」ダイアログが表示されたら [列] の [段数] に [2] を入力しましょう。[プレビュー] をオンで確認しながら [間隔] にも適当な数値を設定し、[OK] をクリックすると **14**、エリア内文字が分割されます **15**。

13

15

14

エリア内文字オプション		
幅：○ 135 mm		高さ：○ 54 mm
行		列
段数：○ 1		段数：○ 2
サイズ：○ 54 mm		サイズ：○ 60 mm
□ 固定		□ 固定
間隔：○ 6.35 mm		間隔：○ 15 mm
オフセット		
外枠からの間隔：○ 0 mm		
1列目のベースライン：仮想ボディの高さ ∨		最小：○ 0 mm

ここでは、[間隔：15mm] とした

Lesson 5

レイヤーとアピアランス

この章では、オブジェクトを分類して整理するレイ
ヤーと、オブジェクトの外観を設定するアピアランス
について学習します。複雑なアートワークを作成して
いると、オブジェクトの数が増えて管理が大変になり
がちですが、レイヤーをうまく使えば効率的な作業が
できます。また、塗りや線、効果、不透明度などを使
い、オブジェクトの外観を決めるアピアランスの仕組
みを理解しておくと、少ない数のオブジェクトで多彩
な表現が可能になります。

01 レイヤーについて知ろう

Lesson 5

オブジェクトの数が増えてくると、編集作業における管理が大変になっていきます。レイヤーを利用すると、目的や種類によってオブジェクトを大きなグループに分けることが可能です。

📖 レイヤーとは

オブジェクトを分類する時に役立つのが「レイヤー」です。目的や種類に応じてオブジェクトを個別のレイヤーに配属させることで、まとめて非表示にしたり、選択できないようにロックしたり、順番を入れ替えたりするのが容易になります。

レイヤーは「レイヤーパネル」を使って管理します。オブジェクトの数が多くなり、選択や編集などがやりづらいと感じたら、迷わずレイヤーを作って分類していくとよいでしょう。

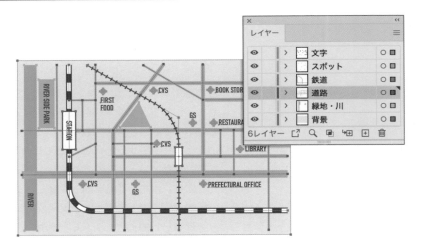

地図の作成などではレイヤーを活用すると効率的

📖 「レイヤーパネル」について

「レイヤーパネル」には、現在のレイヤーが一覧表示されています。レイヤー一覧で右上の角に黒い三角形のある項目が、現在アクティブなレイヤーです。作成したオブジェクトはこのアクティブなレイヤーに配置されていきます。別の項目をクリックすると、アクティブなレイヤーを変更可能です。

レイヤーは上に表示されているものほど前面になり、項目をドラッグすることで順番を入れ替えられます。

「レイヤーパネル」の基本

📖 レイヤーの作成と削除

[新規レイヤーを作成]をクリックで新しいレイヤーを作成し、レイヤー名の文字をダブルクリックして名前を変更できます。レイヤーを作成したら、用途が分かるように名前を変えておくといいでしょう。[選択項目を削除]をクリックすると、現在選択

しているレイヤーを削除できます。レイヤー名の文字以外のエリアをダブルクリックすると、「レイヤーオプション」ダイアログの画面が開きます。オプションでは、オブジェクトを選択したときの枠の色を変更することも可能です。

レイヤーの作成・削除・オプションの設定

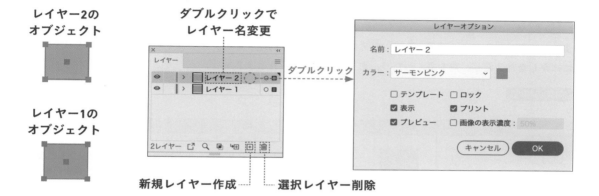

レイヤー2の
オブジェクト

ダブルクリックで
レイヤー名変更

ダブルクリック

新規レイヤー作成 ーー 選択レイヤー削除

レイヤー1の
オブジェクト

📖 レイヤーの操作

レイヤー項目の目のアイコンをクリックすると、レイヤーの表示と非表示を変更できます。目のアイコンの右の枠をクリックすると、レイヤーをロックできます。ロックしている間は、そのレイヤーに属するオブジェクトは選択ができなくなります。再びクリックするとロックが解除されます。

また、オブジェクトを選択すると、そのオブジェクトが属しているレイヤーの右端に小さな正方形が表示されます。この正方形をドラッグして別のレイヤーへ移動することで、オブジェクトが属するレイヤーを変更できます。

状況に応じて表示やロックを切り替えながら作業

表示の切り替え ┈┈ 選択のロック

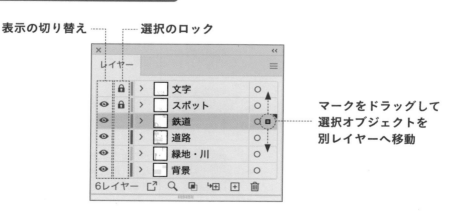

マークをドラッグして
選択オブジェクトを
別レイヤーへ移動

149

02

Lesson 5

効果を使おう

効果は、オブジェクトに対してさまざまなエフェクトを追加します。形状を変えるもの、影などを加えるもの、画像に変換するものなど、表現力を高めるために欠かせない機能です。

効果について

［効果］メニューを開くと、数多くの項目があります。これらすべてが「効果」です。オブジェクトにぼかしを加えたり、角を丸くしたり、影をプラスするなど、表現力を高めるエフェクトが多岐にわたり利用できます。ここでは、よく使う効果の一部を紹介しましょう。

効果の種類

効果		概要
［3D］ →［押し出し・ベベル...］		パスを押し出して立体にする。3Dソフトのように向きや照明、テクスチャなども設定可能。
［スタイライズ］ →［ドロップシャドウ...］		オブジェクトに影を追加する。影の位置や色、ぼかしなども自由に設定可能。
［スタイライズ］ →［角を丸くする...］		指定した半径でパスオブジェクトの角を丸くする。
［パス］→ ［パスのオフセット...］		指定した距離でパスを拡張、収縮。
［パスの変形］→［ラフ...］		パスをランダムに歪ませる。歪みの間隔や大きさなども自由に設定可能。
［パスの変形］→［変形...］		移動、拡大・縮小、回転などを効果として適用する。回数を指定してコピーを作ることも可能。
［ワープ］		扇型や波型など、特定の形状に合わせてパスを変形。
［形状に変換］		どのような形のオブジェクトも、強制的に長方形、角丸長方形、楕円形のいずれかに変換する。

効果の値を変更する

オブジェクトに効果を適用すると、「アピアランスパネル」に効果の名前が追加されていることが分かります。この効果名の文字をクリックすると、設定ダイアログを再度開くことができ、数値を変更することで効果の状態をいつでも編集できます。このように、追加した後でも設定を変えることができるのも、効果のメリットのひとつです。

「アピアランスパネル」から効果の設定をいつでも変更可能

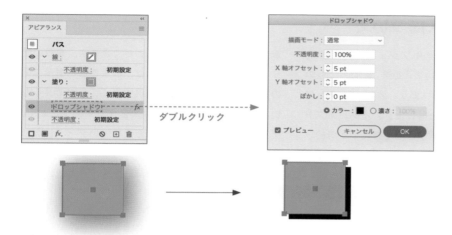

Photoshop効果について

効果には、「Illustrator効果」の他に「Photoshop効果」というものがあります。Photoshop効果は、その名の通りPhotoshop（Illustratorと同じAdobe社製の画像編集ソフト）のフィルターをIllustratorで利用できるようにしたものです。もともと画像に対してエフェクトを加えるのがPhotoshopのフィルターですので、Illustratorにおいても、パスオブジェクトではなく画像に対して効果を加えるのが主な役割です。パスオブジェクトに対しても適用はできますが、事前に画像へ変換（ラスタライズ）した上で実行されます。まとめると、Illustrator効果はベクターのオブジェクト、Photoshop効果はラスター（画像）のオブジェクトを中心としたエフェクトです。

Illustrator効果にない高度なエフェクトを画像に対して実行

スケッチ
→ グラフィックペン

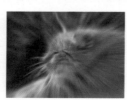

ぼかし
→ ぼかし（放射状）

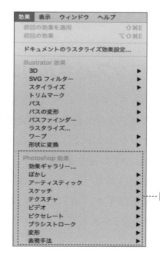

Photoshop効果

03

アピアランスについて知ろう

オブジェクトの外観すべてを定義するのが「アピアランス」です。アピアランスを理解して使いこなせば、最小限のオブジェクトで多様な表現ができるようになります。

📖 アピアランスについて

シンプルに解説すると、オブジェクトの「塗り」と「線」、これに「不透明度」と「効果」を加えたものが「アピアランス」です。つまり、オブジェクトの外観を決める要素すべてを指します。オブジェクトはアピアランスとして、塗りと線をひとつずつ持っているとこれまで解説してきました。しかし、この塗りと線は複数に増やすことができます。複数の塗りと線が持てるということは、パスの基本構造はそのままに、外観を豊かな表現で彩ることができるということです。アピアランスをうまく使うことで、データ管理の負担が減り、修正に強いデータになります。

| オブジェクトの外観を決定する要素すべてがアピアランス |

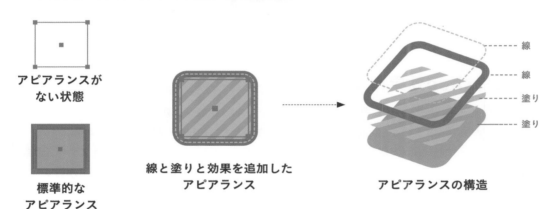

アピアランスがない状態

標準的なアピアランス

線と塗りと効果を追加したアピアランス

アピアランスの構造

線
線
塗り
塗り

📖 「アピアランスパネル」について

「アピアランスパネル」では、選択したオブジェクトに設定されたアピアランスをすべて確認できます。標準的なパスオブジェクトでは、[線][塗り][不透明度]の項目がひとつずつあります。

[線]と[塗り]の左にある「>」のアイコンをクリックすると内容を表示でき、[線]と[塗り]にもそれぞれ個別の[不透明度]があることが分かります。

項目のカラーの枠をクリックすると「スウォッチパネル」、 shift ＋クリックすると「カラーパネル」が開き、ここからカラーを変更できます。なお、[線]や[不透明度]のように文字に破線の下線がある項目は、文字自体をクリックすることでパネルや設定ダイアログを表示できます。

オブジェクトの外観は「アピアランスパネル」でほとんど設定可能

線や塗りの内容を開閉

効果

線の設定と不透明度

塗りの設定と不透明度

オブジェクトの不透明度

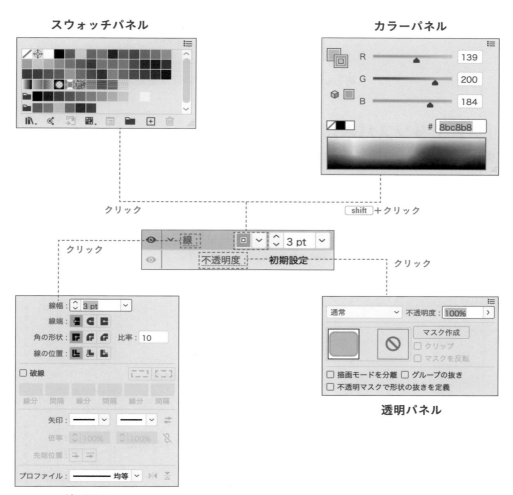

スウォッチパネル

カラーパネル

クリック

shift +クリック

クリック

クリック

線パネル

透明パネル

📖 アピアランスの操作

　新しい[線]を増やす時は[新規線を追加]、[塗り]を増やす時は[新規塗りを追加]をクリックします。なお、複数の[線]と[塗り]がある時は、その中のどれかひとつがアクティブになります。アクティブになった[線]や[塗り]ではカラーの枠が二重線になり、それらのカラーが「カラーパネル」の[線ボックス]と[塗りボックス]に反映されます。アクティブな[線]や[塗り]は、任意の項目をクリックして切り替え可能です。また、[線]や[塗り]の項目はドラッグすることで順番を入れ替えできます。上に表示されているものほど、オブジェクトの中で前面に表示されます。

アクティブな線と塗りのカラーが[線ボックス]と[塗りボックス]に表示される

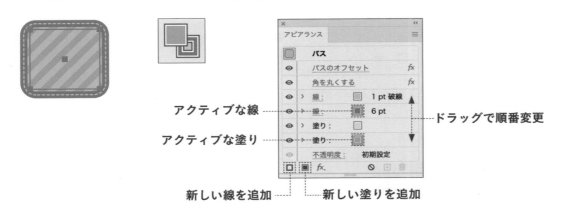

📖 「アピアランスパネル」での効果

　「アピアランスパネル」の[fx]マークをクリックすると、[効果]メニューとほぼ同じ内容から効果を選択できます。効果もアピアランスの一部なので、追加した効果は「アピアランスパネル」に記録されていきます。なお、事前に特定の[線]や[塗り]が選択されていると、効果はその時点で選択されていた項目の中に追加され、[線]や[塗り]だけに影響します。オブジェクト全体に効果を加える時は、「アピアランスパネル」最上部にある[パス]などの項目を選択しておきましょう。また、一度追加した効果は項目をドラッグして自由な場所に移動することも可能です。

効果の範囲は「アピアランスパネル」での項目の位置によって変わる

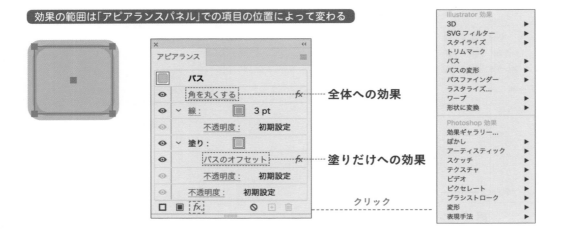

📖 アピアランスの分割

効果は、パス自体の形を変えず外観だけに影響を及ぼします。例えば、[スタイライズ]→[角を丸くする...]の効果をオブジェクトに追加するとコーナーが丸くなりますが、実際のパスは丸くなっていません。つまり、効果はオブジェクトに対して「仮の」変更を加えた状態ともいえます。これを実際のパスに適用するには、[オブジェクト]メニュー→[アピアランスを分割]を実行します。アピアランスを分割すると、効果が実際のパスに適用される他に、複数の線や塗りが別オブジェクトに分かれます。

アピアランスを分割で効果が実際のパスに適用される

アピアランス分割

📖 グラフィックスタイルを使う

同じアピアランスを使い回したい時、その都度手動で同じ設定にするのはとても非効率です。このような時は「グラフィックスタイル」を使います。一度作ったアピアランスの設定を保存し、再利用できる機能です。オブジェクトを選択し、「グラフィックスタイルパネル」の[新規グラフィックスタイル]をクリックすると、現在のアピアランス設定がグラフィックスタイルとして登録されます。別のオブジェクトを選択し、登録したグラフィックスタイルの項目をクリックすると、アピアランス設定を適用できます。グラフィックスタイルを適用したオブジェクトの「アピアランスパネル」最上部には、グラフィックスタイル名が表示され、グラフィックスタイルが適用されていることが分かります。

グラフィックスタイルでアピアランスの設定を再利用

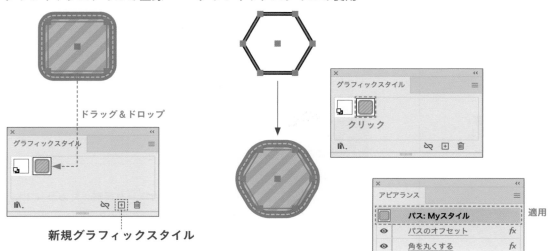

グラフィックスタイルの登録　　グラフィックスタイルの使用

ドラッグ＆ドロップ

新規グラフィックスタイル

クリック

Study

04

Lesson 5

描画モードを知ろう

オブジェクトが重なると、通常は前面が背面を隠します。この重なった部分のカラーを合成するのが描画モードです。

📖 描画モードとは

　重なったオブジェクトのカラーをどのように合成するかを決めるのが「描画モード」です。「透明パネル」を使って指定します。フィルムを重ねたように濃く色を混ぜたり、光を重ねたように明るく色を混ぜるなど、モードによってさまざまな合成ができます。CMYKとRGBで合成結果が異なり、正しい結果を得るにはカラーモードをRGBカラーにしておく必要があります。全部で16種類の描画モードがありますが、実際に使うものは限られているので、まずはここで紹介するものを覚えておくとよいでしょう。

オブジェクトが重なった部分の色を合成する

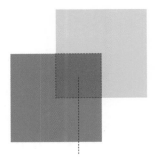

**描画モードにより
カラーが合成された部分**

使用頻度の高い「描画モード」7種類

描画モード		概要
通常	前面オブジェクト／背面オブジェクト	基本設定。混色はされずに前面のカラーだけが表示される。
乗算		前面と背面のカラーをフィルムで重ねたように掛け合わせて暗くする。
スクリーン		前面と背面のカラーを反転したカラーで掛け合わせて明るい色にする。

描画モード		概要
オーバーレイ		前面カラーに基づいて明暗と彩度を強調した色にする。
差の絶対値		前面と背面の明るさの差に応じて明るい方から暗い方を取り除く。
カラー		前面カラーの色相と背面カラーの彩度を反映した色にする。
輝度		背面カラーに前面カラーの輝度を反映した色にする。

📖 「透明パネル」について

　「透明パネル」は、その名の通りオブジェクトの透明度をコントロールするのが主な目的です。[不透明度]の値でオブジェクトの透け具合を変更します。「0%」が完全な透明で、「100%」が完全な不透明になります。また、[描画モード]の指定や、後の章で解説する[不透明マスク]もこの「透明パネル」で行います。細かなオプションは、普段はあまり使わないので現時点では覚えなくても問題ありません。

`「透明パネル」の基本`

オブジェクトの透明度

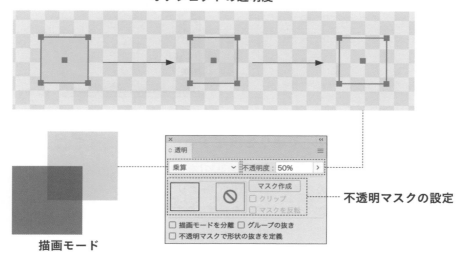

描画モード

不透明マスクの設定

05
Lesson 5

アピアランスでフチ文字を作る

Level
★★★★★

アピアランスは、「容姿」や「外観」といった意味をもち、その名の通りオブジェクトの外観である線や塗りなどを設定することができます。アピアランスを用いて、フチ文字を作っていきましょう。

Skill

●塗りと線を重ねて文字を装飾する
アピアランスパネル

01. 線なし・塗りなしの文字を描く

新規ドキュメントを、[幅：760px] [高さ：250px] [カラーモード：RGBカラー] で作成します。[文字ツール] T で「SALE」と描き、[線：なし] [塗り：なし]、「文字パネル」で [フォントファミリ：Forma DJR Text Bold] [フォントサイズ：191px] に設定します ① ②。

1

2

線と塗りともになしに設定

02. 「アピアランスパネル」で塗りを設定する

「アピアランスパネル」を開き、左下の [新規塗りを追加] をクリックして、塗りを追加します ③。塗りのカラーの枠を shift ＋クリックすると「カラーパネル」が開くので、[R239／G167／B0] を設定します ④ ⑤。

3

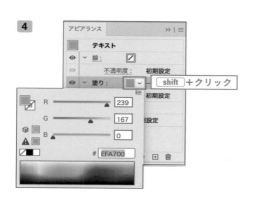

03. 「アピアランスパネル」で線を設定する

先ほど新規塗りを追加した時に、自動で線が追加されているので、線のカラーの枠を shift ＋クリックし 6 、[R233／G30／B234] に設定しました 7 。文字の見た目を確認しながら [線幅] を [10px] にしています。

さらにもうひとつ線を追加しましょう。「アピアランスパネル」で左下の [新規線を追加] をクリックし、先ほど作成した線の上にさらに線を追加します。今度は、 shift は押さずにクリックのみで「スウォッチパネル」を開き、[ホワイト]（[R255／G255／B255]）を選択し、[線幅：4px] に設定しました 8 9 。

159

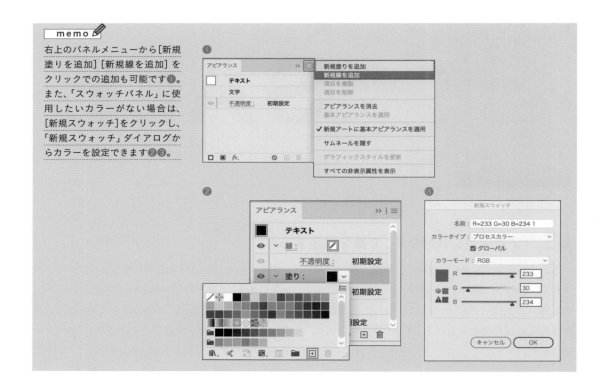

04. 線、塗りのレイヤー位置を変更する

塗りの前面に線が配置されている状態ですので、塗りを最前面に配置するために「アピアランスパネル」の塗りの項目をドラッグして線の項目の上に移動したら **10**、フチ文字の完成です **11**。

10

塗りの項目をドラッグして一番上に配置する

11

05. 背景や文字を描く

[長方形ツール]■で、フチ文字の背景に敷く長方形を描きます **12**。「レイヤーパネル」から、背景となる長方形が最背面になるように、ドラッグでレイヤーの位置を移動します **13**。その他に、文字や飾りを作成して調整しました **14**。日本語の文字は

[フォントファミリ：小塚ゴシック Pr6N R]、日付と英語の文字は[フォントファミリ：Forma DJR Text Light]で「summer big sale」だけを選択してサイズを小さくしたらパネルメニューから[文字揃え]→[欧文ベースライン]を設定しています。

12

アートボード上に重なるように[線：なし][塗り：R240／G202／B193]の長方形を描く

13

14

大きい長方形は[線：なし][塗り：R233／G30／B234]
小さい長方形は[線：なし][塗り：R255／G255／B255]

 memo

アピアランスを使うと、文字にフチをつける以外にも、影をつけたりぼかしたりなどもできます❶❷。最初に文字の線と塗りを[なし]にしたのは、オブジェクトの上にアピアランスが適用されるためです。例えば、文字の塗りが黒で、アピアランスの塗りを黄色にした場合、黄色の塗りの周囲に黒がうっすらはみ出てしまいます❸。アピアランスを使用する場合は、はじめに線と塗りともに[なし]でオブジェクトを作成することをおすすめします。アピアランス機能を使いこなせるようになると、修正や量産が効率的にできます。

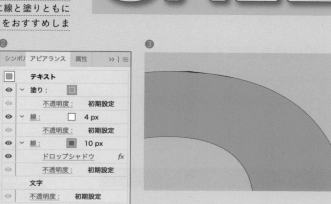

Try

06
Lesson 5

アピアランスで路線を描く

Level
★★★★★

路線図にはさまざまな線の種類があります。ここでは「アピアランス」パネルの基本的な操作方法を通して、3種類の路線の描き方を紹介します。組み合わせることで、複雑に乗り入れいているバスや電車の路線図を分かりやすく描くことができます。

Skill

○線を追加して色を重ねる
アピアランスパネル

01. アピアランスを準備する

[ペンツール] 🖊 で shift を押しながら線を描いたら、[選択ツール] ▶ で線を選択します **1**。「アピアランスパネル」を開いて、[線]の行を選んで右側に表示されるプルダウンから線の太さを[20pt]に設定しましょう **2**。

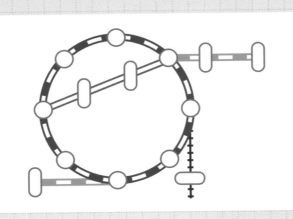

1

線と塗りともに[なし]の線を描く

02. 線の色を設定する

線のカラーの枠をクリックすると「スウォッチパネル」が表示されるので、ここでは[ブラック]に設定しました **3** **4**。

4

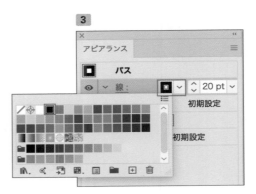

03. 線を二重にしてから破線にする

「アピアランスパネル」の左下にある[新規線を追加]をクリックすると「線」の項目が増えるので、「スウォッチパネル」から[ホワイト]を設定します。この線の太さを、手順02よりも細い[10pt]にして、ドラッグ操作で「アピアランスパネル」の一番上に配置します 。すると、上にあるホワイトの線が細くなることで、二重に見えます 6 。

ホワイトの線の項目の[線]と書かれている下線部分をクリックして「線パネル」を開き、[破線]をオンにして[線分：40pt]に設定すると 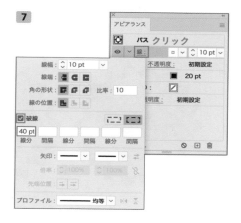、縞模様の線を描くことができました 8 。

04. 細い線を破線にする

別の路線を描いてみましょう。手順03の線を二重にするまでの作業を繰り返して、2本の線の色をどちらも[ブラック]にしておきます。次に、それぞれの線の設定を 9 のように設定します。[アピアランス]によって2本の線が重なることで破線が描けました 10 。

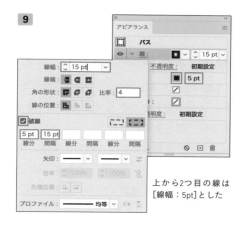

上から2つ目の線は
[線幅：5pt]とした

05. 路線を用いて路線図を作る

ここまでの手順を用いれば路線図を作成できます 11 12 。

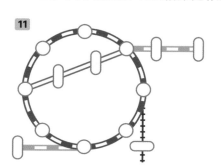

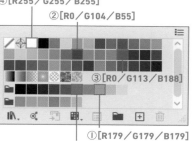

④[R255／G255／B255]
②[R0／G104／B55]
③[R0／G113／B188]
①[R179／G179／B179]
⑤[R128／G128／B128]

グレーの路線は、手順03の路線を複製し、上から2つめの線を①に設定
緑の路線は、正円を描いて手順03までの作業を繰り返してから、上から2つめの線を②に設定
青の路線は、手順03の線を二重にする作業までを行い、上から2つめの線を③に設定
駅のアイコンは、正円と楕円をそれぞれ描き、塗りを④、線を⑤で[線幅：4pt]に設定

「アピアランスパネル」で線のカラー枠をクリックした時に表示される「スウォッチパネル」

163

Try

07
Lesson 5

効果でバクダンの囲み枠を作る

チラシやPOPなどのデザインでアクセントになる「バクダン」を作ります。楕円形に効果を組み合わせると作成がかんたんで、効果の設定によってさまざまなバリエーションを用意できます。

Level
★★★★★

Skill

○効果でバクダンの形状にする
アピアランスパネル、
ジグザグ効果

○パターンや文字などを組み合わせて装飾する
スウォッチパネル、
回転ツール、
文字ツール

01. 正円に[ジグザグ]効果をかける

[楕円形ツール] ◯ で、[shift] を押しながらアートボード上をドラッグして正円を描きます **1**。作例では、幅と高さともに[40mm]にしました。オブジェクトの装飾はあとから行いますが、作業のしやすいカラーを一時的に設定しましょう。

描いた正円を[選択ツール] ▶ で選択し、[効果]メニュー→[パスの変形]→[ジグザグ...]を実行します。「ジグザグ」ダイアログが表示されたら、[大きさ]で[パーセント]を選んでから[大きさ：5%][折り返し：8][ポイント：直線的に]を設定し **2**、[OK]をクリックして終了します **3** **4**。

1

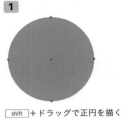

[shift]＋ドラッグで正円を描く

2

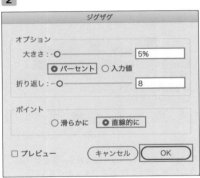

3

「アピアランスパネル」で[ジグザグ]効果が追加されたことが確認できる

4

正円の端が効果によってジグザグの形に変換される

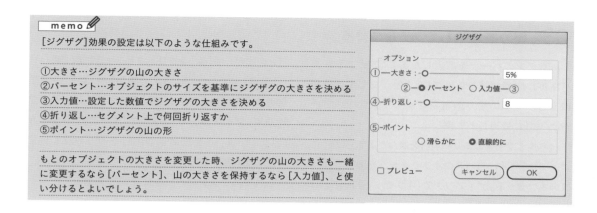

memo ✏️

[ジグザグ]効果の設定は以下のような仕組みです。

①大きさ…ジグザグの山の大きさ
②パーセント…オブジェクトのサイズを基準にジグザグの大きさを決める
③入力値…設定した数値でジグザグの大きさを決める
④折り返し…セグメント上で何回折り返すか
⑤ポイント…ジグザグの山の形

もとのオブジェクトの大きさを変更した時、ジグザグの山の大きさも一緒に変更するなら[パーセント]、山の大きさを保持するなら[入力値]、と使い分けるとよいでしょう。

02. パターンを作って変形する

バクダンの装飾用に、パターンを作成します。⑤のように[幅：2mm][高さ：15mm]の長方形2つを組み合わせたパーツを「スウォッチパネル」に登録し⑥、ストライプのパターンスウォッチにします。バクダンのパーツを[選択ツール]▶で選んでから、「スウォッチパネル」でパターンをクリックし

て塗りに適用しましょう⑦。

オブジェクトを選択したまま、[回転ツール]🔄に切り替えて return (Enter)を押し、「回転」ダイアログを表示します。[回転]の[角度]に[-45°]を設定し、[オプション]で[パターンの変形]だけをオンにして[OK]をクリックし終了します⑧ ⑨。

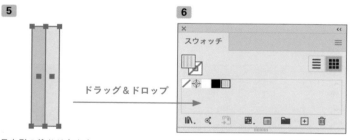

長方形の塗りは左から
[C0／M10／Y100／K0]
[C0／M0／Y50／K0]に
設定

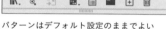

ドラッグ＆ドロップ

パターンはデフォルト設定のままでよい

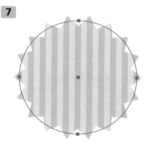

パーツの塗りにパターンを適用する

[オブジェクトの変形]はオフ、[パターンの変形]をオンにする

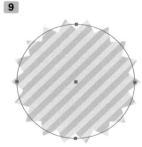

オブジェクトはそのまま、パターンだけが回転してななめのストライプになる

165

03. 塗りを増やしてフチをつける

バクダンのパーツを選択したまま「アピアランスパネル」で[新規塗りを追加]をクリックして項目を増やし、下側の塗りの項目を選んで[C0／M100／Y70／K0]に変更します 。

パネル上で下側の塗りの項目を選んだまま[効果]メニュー→[パス]→[パスのオフセット…]を実行し、「パスのオフセット」ダイアログで[オフセット]に[2mm]

ほどを設定して[OK]をクリックします 11 12 13。

[効果]メニュー→[パスの変形]→[変形…]で下側の塗りの項目にさらに効果を追加しましょう。「変形効果」ダイアログで[移動]の[水平方向][垂直方向]に[0.75mm]を設定して[OK]をクリックし終了します 14 15。

これでバクダンのパーツは完成です 16。

[新規塗りを追加]をクリックして下側の塗りの項目にカラーを適用

[パスのオフセット]効果で塗りが太ることで、フチがついた状態になる

「アピアランスパネル」で[パスのオフセット]が追加されたことが確認できる

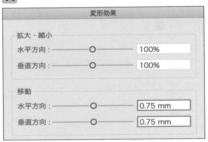

塗りを[変形]効果で少しずらすと立体感を出せる

04. テキストを組み合わせる

完成したバクダンのパーツは、目立たせたい内容のテキストなどと組み合わせて利用しましょう。[文字ツール] T でアートボード上をクリックしてポイント文字を作成し、自由に文字を入力してフォントなどを設定します。作例では、「文字パネル」で[フォントファミリ：CoconPro-Bold][フォントサイズ：50Q][カーニング：メトリクス]、「段落パネル」で[行揃え：中央揃え]に、カラーは[塗り：C0／M100／

Y70／K0]に設定しました。

文字とバクダンのオブジェクトを2つとも選択し、「整列パネル」で[水平方向中央に整列][垂直方向中央に整列]をクリックして揃えます 17 18。文字オブジェクトのみを選択し、「変形パネル」で[基準点]が[中央]になっているのを確認してから、[回転：5°]を入力しましょう 19。文字を少し傾けることで躍動感を演出できます 20。

17

文字とバクダンの位置を中央で揃える

18

19

中央を基準にテキストを傾ける

20

---

memo ✏

■形のバリエーション

「アピアランスパネル」から[ジグザグ]効果の設定を変えたり、[パンク・膨張]効果を追加したりすると、バクダンの形を変えて以下のようなバリエーションを作成できます。レイアウトのイメージに合わせて調整してみましょう。

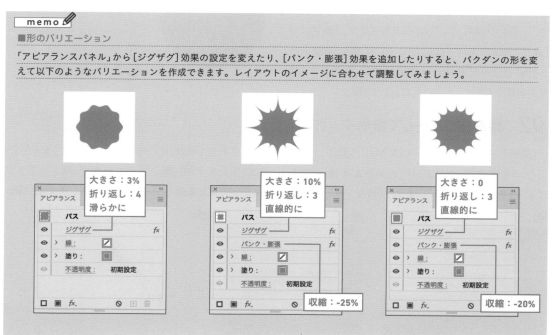

大きさ：3%
折り返し：4
滑らかに

大きさ：10%
折り返し：3
直線的に
収縮：-25%

大きさ：0
折り返し：3
直線的に
収縮：-20%

Try

08
Lesson 5

放射状ストライプの背景を作る

Level
★★★★★

変形効果を使って放射状ストライプを作ります。背景に放射状ストライプを配置することで、デザインに奥行きをもたせたり賑やかさを表現したりすることができます。使用頻度の高いデザインパーツになるのでマスターしておきましょう。

Skill
○放射状を作成
変形パネル、変形効果

01. 正円を描いて扇形を作成する

　最初に放射状ストライプを作るための部品となる扇形をひとつ作成しましょう。[楕円形ツール]◯で、shift を押しながら正円を描きます。[線：なし][塗り：R245／G44／B54]にしました ❶。[選択ツール]▶ で正円を選択し、「変形パネル」を開いて[扇形の角度を制限：15°]と入力します ❷。

02. 扇形をコピーして増やす

　[効果]メニュー→[パスの変形]→[変形…]を実行し、「変形効果」ダイアログを開きます ❸。[プレビュー]をオンにして、[回転]の[角度：30°]、オブ

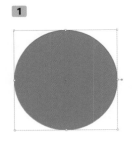

ジェクトを回転させる軸となる[基準点]を[左下]に設定します ❹ ❺。さらに扇形が1周するようにコピーの数を調整し[OK]をクリックします ❻ ❼。

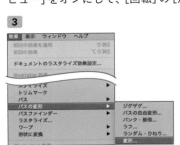

基準点

[角度：30°]で[基準点]を[左下]に設定した時のプレビュー

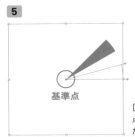

6

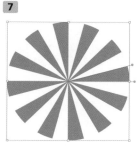

ここでは、[コピー：11]に設定

7

11個の扇形が複製された

03. 放射状ストライプを調整する

放射状ストライプを拡大して、ストライプの端が
アートボード内に入らないようにします **8** 。アー
トボードからはみ出した部分を非表示にするため
に、[長方形ツール] □ でアートボード上にぴったり
重なるよう長方形を描きます。この時点では、カ
ラーは何色でも問題ありません **9** 。

[選択ツール] ▶ で長方形と放射状ストライプの
両方を選択し、[オブジェクト]メニュー→[クリッピ
ングマスク]→[作成]を実行すると **10** 、長方形の
形に放射状ストライプが表示されます **11** 。

● マスクについてはP192を参照

8

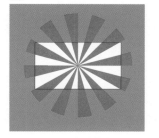

放射状ストライプを shift を押しな
がら拡大

9

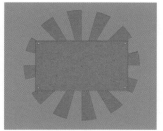

アートボードに重なるように長方形を
描く

10

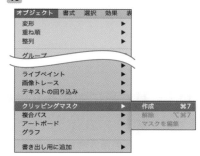

11

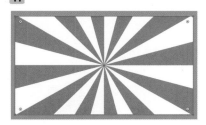

12

長方形レイヤーの右の○をクリックすると選択中
のレイヤーの印として◎になる

04. 長方形に塗りを設定する

先ほど作成した長方形に塗りの色を設定し
ます。「レイヤーパネル」から長方形の右にあ
る○をクリックして選択し **12** 、「カラーパネ
ル」から[線：なし][塗り：R223／G52／
B147]に設定し文字を配置して完成です **13** 。

13

文字は[塗り：R254／G223
／B74]、[フォントファ
ミリ：A-OTF 見出ゴMB31
Pr6N MB31]に設定した

169

Try
09
Lesson 5

効果で囲み罫を作る

ライブコーナーやワープ効果の仕組みについて学習しながら、クラシックなデザインの囲み罫を作成します。全体の装飾はアピアランス機能を活用して行いましょう。

Level
★★★★☆

01 . 長方形に効果をかける

［長方形ツール］ ▣ で、［幅：15mm］［高さ：25mm］の縦長の長方形を描きます **1**。オブジェクトの装飾はあとから行うため、作業のしやすいカラーを一時的に設定します。

長方形を［選択ツール］ ▶ で選んだ状態で、［効果］メニュー→［ワープ］→［魚形...］を実行します。「ワープオプション」ダイアログが表示されたら、［水平方向］の［カーブ］に［10%］、［変形］の［水平方向］に［10%］を設定し、［OK］をクリックします **2** **3**。

1

2

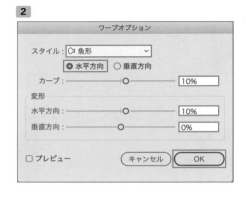

3

02 . 分割して角を丸める

効果のかかった長方形を選択したまま［オブジェクト］メニュー→［アピアランスを分割］を実行したら **4**、［ダイレクト選択ツール］ ▷ でドラッグして 左側の角を2つとも選択しましょう **5**。角の部分に表示されているコーナーウィジェットを内側にドラッグし、角が滑らかになるよう丸めます **6**。

4

［アピアランスを分割］で効果などが拡張され、オブジェクトを直接編集できるようになる

5

選択
ドラッグ
選択

［ダイレクト選択ツール］で左側の角を2つとも選択

6

コーナーウィジェットを内側にドラッグして丸めた

> **memo** 🖊
> コーナーウィジェットが表示されない場合は、［表示］メニュー→［コーナーウィジェットを表示］で表示できます。

> **attention** ⚠
> ［アピアランスを分割］を実行すると、オブジェクトに適用されている効果が拡張され、複数の塗りや線も項目ごとに分割されます。分割後のオブジェクトは command （Ctrl）＋ Z 以外ではもとに戻せませんので、不安な場合は事前に複製を作るなどして対策しましょう。

03 . リフレクトコピーして合体する

［選択ツール］ ▶ で全体を選択し、［リフレクトツール］ ◁▷ に切り替えてオブジェクトの右端のアンカーポイントを option （ Alt ）＋クリックします **7**。「リフレクト」ダイアログが表示されたら、［リフレクト の軸］で［垂直］を選んで［コピー］をクリックしましょう **8** **9**。オブジェクトを2つとも［選択ツール］ ▶ で選択し、「パスファインダーパネル」で［合体］を選んでひとまとめにします **10** **11** **12**。

7

クリック　アンカー

この時、 command （ Ctrl ）＋ U でスマートガイドをオンにすると作業しやすい

8

リフレクト

リフレクトの軸
○ 水平
● 垂直
○ 角度： 90°

オプション
☑ オブジェクトの変形　□ パターンの変形

☑ プレビュー

［ コピー ］　［ キャンセル ］　［ OK ］

9

クリック箇所を基準にリフレクトコピーされる

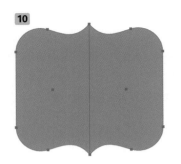

オブジェクトを2つとも選択する

[合体] でひとつのオブジェクトになった

04. 装飾して文字と組み合わせる

カラーを [線：C100／M0／Y0／K20] [塗り：C0／M15／Y45／K0] に設定します 。さらに、「アピアランスパネル」で線の項目を選んでから [選択した項目を複製] をクリックして線を2つにしましょう 。

複製された線の項目の線幅を少し細めの [1pt] に変更し、[効果] メニュー→ [パス] → [パスのオフセット…] を適用します。「パスのオフセット」ダイアログで [オフセット] を [-1mm] にして、線を内側に

小さくします  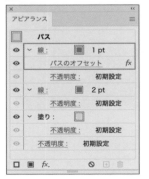。これで囲み罫の完成です。文字や罫線などを組み合わせて素材として活用しましょう 。

上部の文字は [フォントファミリ：Pacifico Regular] [フォントサイズ：20Q]、下部の文字は [フォントファミリ：Ten Oldstyle Semibold] [フォントサイズ：10Q] で、どちらも [文字間のカーニング：メトリクス] [行揃え：中央揃え] に設定しました。

[線幅：2pt] に設定

[選択した項目を複製] で線の項目を複製する

複製した線の線幅を変更し、[パスのオフセット]効果を適用

カラーはすべて [C100／M0／Y0／K20] で、罫線は [線の長さ：23mm] [線幅：0.75pt]

05. 長方形を重ねて幅を調整する

　囲み罫をもうひとつ作りましょう。[長方形ツール] ▢ で [幅：40mm] [高さ：25mm] の横長の長方形を描画します。長方形を選択したまま、command ([Ctrl]) + C、command ([Ctrl]) + F を押して同じ位置に複製します。複製された長方形は、「変形パネル」で、中心を基準に幅を狭くしましょう。作例では [幅：22mm] に変更しました。どちらの長方形にも、塗りには作業のしやすいカラーを一時的に設定しておきます **18** **19**。

同じ位置に長方形を複製し、幅を変更する

06. 背面の長方形の角を丸める

　背面の長方形全体を選択した状態で [ダイレクト選択ツール] ▷ に切り替え、「コントロールパネル」の [コーナー] をクリックします **20**。ここでは、[コーナー：角丸 (内側)] [半径：4mm] にしました **21**。

---

memo ✎

「コントロールパネル」が表示されていない場合は [ウィンドウ] メニュー→[コントロール] から表示しましょう。[変形] パネルの [長方形のプロパティ] でも同様の設定ができますが、長方形に限らず、ライブコーナーの値を複数の角に一括設定したい時は「コントロールパネル」が操作しやすく便利です。

「コントロールパネル」の [コーナー] をクリックして設定

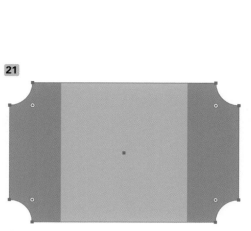

背面の長方形の4つの角が内側に丸められる

07. 前面の長方形に効果をかける

前面の長方形を選択し、[効果]メニュー→[ワープ]→[でこぼこ…]を実行します。「ワープオプション」ダイアログで[水平方向]の[カーブ]を[40%]にして[OK]をクリックしましょう 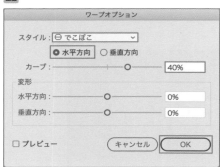 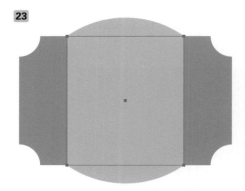。

22

23

効果によって、長方形の上下が丸く膨らむ

08. 分割して合体する

効果をかけた長方形を選択したまま、[オブジェクト]メニュー→[アピアランスを分割]を実行します **24**。[選択ツール] ▶ などでパーツを2つとも選択し、「パスファインダーパネル」で[合体]を選んでひとまとめにしましょう **25** **26**。

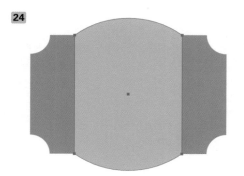
24

[アピアランスを分割]を実行した状態

25

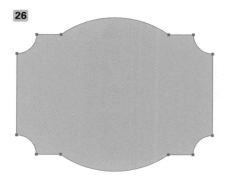
26

[合体]でひとつのオブジェクトにする

装飾して文字と組み合わせる

先ほど作ったフレームと同様に、合体したオブジェクトに装飾を施しましょう **27** **28**。ここでは、塗りにストライプのパターンをななめに設定しました **29**。破線を使ったドット罫には[パスのオフセット...]効果を[-1mm]で適用しています **30**。組み合わせる文字にも[効果]メニュー→[ワープ]→[円弧...]で動きをつけると華やかになります **31** **32**。

●ストライプのパターンの作り方は**P165**を参照
●破線を使ったドット罫の作り方は**P94**を参照

27

28

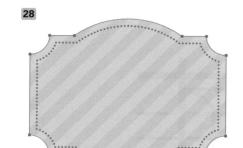

全体に装飾を施した状態
ドット罫の線のカラーは[C100／M0／Y0／K20]

29

ストライプのパターン用パーツは、[幅：2mm][高さ：15mm]長方形を2つ組み合わせたもの
塗りのカラーは左から[C0／M20／Y15／K0][C0／M25／Y20／K0]

30

破線の設定

31

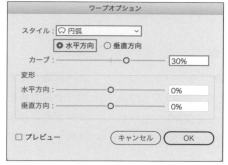

「Made with Illustrator」の文字に[ワープ：円弧]効果で動きをつける

32

「Made with Illustrator」は手順04とすべて同じ
「Classic Frame」は[フォントサイズ：28Q]で、その他は「Curly Bracket Frame」と同じ

175

オブジェクトを組み合わせて
地図を描く

基本の図形の描き方とちょっとしたコツをつかめば、オリジナルの地図を簡単に描くことができます。まずは現地を調査して、分かりやすい地図を下書きするところから。その後Illustratorで清書をするのがおすすめです。

Level
★★★★☆

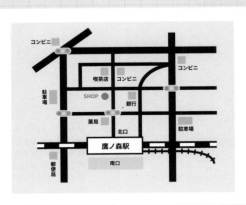

Skill

●地図を描く
直線ツール、
線パネル、
レイヤーパネル

●鉄道を描く
アピアランスパネル

01. 下書きを配置する

[ファイル]メニュー→[配置...]をクリックして、あらかじめ描いておいた地図の下書き(ここでは、サンプルデータ「5-10_sozai.jpg」を使用)を選択し、アートボードの任意の場所をクリックしてIllustrator

上へ配置します **1**。必要に応じてバウンディングボックスの角をドラッグして画像を拡大・縮小し、アートボードの中央に配置してレイヤーに「地図」と名前をつけてロックしておきます **2**。

1 ドラッグ

2

目のアイコンの横をクリックしてロックする

memo ✏
作例の下書きはあらかじめトレースしやすいように色を薄くしてあります。Illustratorの「透明パネル」の[不透明度]設定でも薄くできます。

02. 道路を描く

「レイヤーパネル」から[新規レイヤーを作成]をクリックして、「道路」のレイヤーを作成します 3 。下書きに沿って道路用の線を描きましょう。直線は[直線ツール] /で、L字型や曲線部分は[ペンツール] で描いていきます。

一通り線を描き終えてから、線をまとめて選択して「線パネル」で線の太さを設定すると、太さにバラつきがでにくくなります。大通りや細い路地など、太さによって区別すべき部分を考慮しながら太さを揃えていきます 4 。

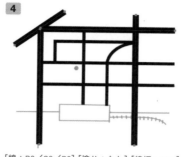

[線：R0／G0／B0] [塗り：なし] [線幅：20pt]で設定

> **attention ⚠**
> [長方形ツール] □で道路を描くと、あとから太さを揃えたり同じ太さに変更したりするのが難しくなります。

03. 鉄道を描く

鉄道や駅がある場合は、「鉄道」のレイヤーを作成して、路線図を描きましょう 5 。線を描いたら、「アピアランスパネル」の[新規線を追加]を使って 6 7 のように線を二重にして、道路との差別化を図ります 8 。

● 路線の作成についてはP162を参照

上部の路線の「アピアランスパネル」
線のカラーの枠から「スウォッチパネル」を開き、線をそれぞれ[ブラック][ホワイト]に設定

下部の路線の「アピアランスパネル」
線の色は[ブラック]に設定

04. アイコンを作る

目印を作成します。「レイヤーパネル」で「アイコン」レイヤーを作成します。丸や四角などの簡単な形であれば、[長方形ツール] ▢ や [楕円形ツール] ◯ で作成します。駅は [長方形ツール] ▢ で [線：R0／G0／B0] [塗り：R255／G255／B255] の横長の長方形を描いて、「線パネル」で線幅を調整します。

「整列パネル」で、揃えたいオブジェクトを選択してから、オブジェクト同士の位置を調整していきます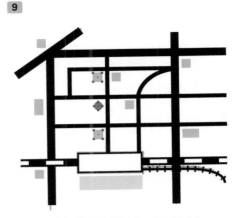

[水平方向中央に整列]などをクリックして整える

05. 信号のアイコンを作る

信号を作成して、「シンボルパネル」に登録します。[長方形ツール] ▢ でベースを描いてから、四角形に表示されているコーナーウィジェット（二重丸のアイコン）を内側にドラッグして角丸長方形を作成します 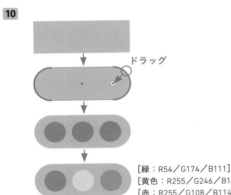 。信号の3つの円を作成してそれぞれに色をつけたらグループ化して、「シンボルパネル」上へ

ドラッグしてシンボルとして登録します 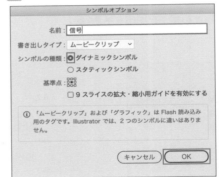 。

シンボルとして登録した後で、「シンボルパネル」からアートボードへドラッグ＆ドロップを繰り返してオブジェクトを配置します 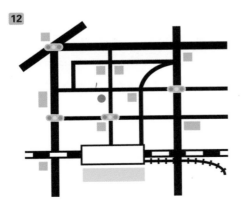 。

ドラッグ

[緑：R54／G174／B111]
[黄色：R255／G246／B112]
[赤：R255／G108／B114]

「シンボルパネル」上へドラッグすると「シンボルオプション」ダイアログが表示される

「信号」のシンボルを配置する

memo 🖋
シンボルをダブルクリックして編集するとすべてのシンボルインスタンスに修正が反映されます。同じ形が出てくる場合にシンボルを利用すると便利です。作例では一度シンボルとして登録したあとで、シンボルをダブルクリックして編集モードに切り替えてから、「アピアランスパネル」で外側に白いフチをつけています。

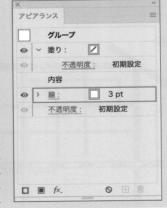

06. 文字を入力する

　「文字」のレイヤーを作成してから [文字ツール] T で、文字を入力します 。ここでは、[フォントファミリ：Noto Sans CJK JP Bold] に設定しました。文字の置き方や情報量によっては、「アピアランスパネル」で [ホワイト] のフチを付けると視認性が高まります 。

　[書式] メニュー→ [組み方向] → [縦組み] を選択すると、一度横書きにした文字を縦書きに変更できるので、縦書きを組み合わせてもよいでしょう 。

●フチ文字の作成についてはP158を参照

文字の大きさは極力同じにするか、2〜3サイズ程度にする

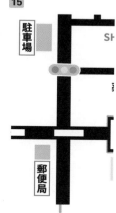

07. 背景を作成する

　「レイヤーパネル」で「背景」レイヤーを作成して、一番下へドラッグします。[長方形ツール] で背景用の長方形を任意のサイズで描き、「塗り」を設定して色をつけます 。手順01で作成した「地図」レイヤーを削除して完成です 。

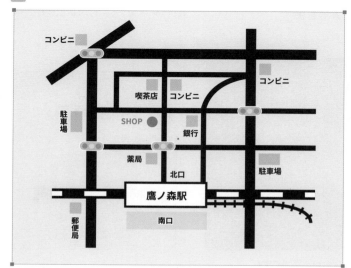
[塗り：R250／G246／B201]

「背景」レイヤーは一番下へドラッグし、「地図」レイヤーは削除した

> point
> 完成した地図を拡大・縮小する場合は、[Illustrator] メニュー〔[編集] メニュー〕→ [環境設定] → [一般...] の [線幅と効果を拡大・縮小] にチェックを入れてから行います。

Try

11

Lesson 5

描画モードでポップな
イメージを作る

素材がない状態でも、「描画モード」をはじめとしたIllustratorの機能を組み合わせることで、ポップで目立つイメージを作れます。まずはベースになる背景用のオブジェクトを作り、「描画モード」を使って文字や飾りなども合わせて重ねていきましょう。

Level
★★★★☆

Skill

● **オブジェクト同士の色を合成する**
透明パネル

● **四角形の背景を作成する**
リピート

● **背景を歪ませる**
エンベロープ

---

01. 背景①を作る：グラデーションを作成する

新規ドキュメントを作成します。プリセットの [Web] の中にある [共通設定]（[幅：1366px] [高さ：768px] [カラーモード：RGBカラー]）を選択して [作成] を押し、アートボードを作成します。[長方形ツール] ▭ でアートボードと同じサイズの長方形を描

き、「グラデーションパネル」で、[種類：線形グラデーション] [角度：90°] で3色のグラデーションを作成します **1 2**。「レイヤーパネル」で「背景1」と名前をつけておきます。

● グラデーションの操作については**P92**を参照

1

2

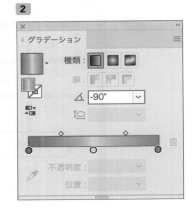

[赤：R255／G0／B40] [黄：R255／G255／B30] [青：R0／G160／B255]に設定

02. 背景②を作る：透明度の異なる四角形を並べる

　背景のタイル状の模様を描きます。「レイヤーパネル」で [新規レイヤーを作成] を
クリックして、「背景2」レイヤーを作成して背景①と分けておくと、後々編集しやすく
なります。[長方形ツール] で、 shift を押しながらドラッグして [30px] の小
さい正方形を描きます。色を白に設定してからこの正方形をもうひとつ複製し、「透
明パネル」でそれぞれ異なる不透明度に設定します  。

　白の透明度は白い背景では確認できないので、手順01で作成した背景の上に配置
して作成するのがおすすめです。

[不透明度] を左から [40％] と [20％] に設定
[白：R255／G255／B255]

03. 背景②を作る：四角形に「リピート」を適用する

　2つの四角形を選択してから、[オブジェクト] メニュー→ [リピート] → [グリッド]
を選択します。リピートオブジェクト（リピートグリッド）が作成できたら 、右
と下に表示されるハンドルをドラッグしてアートボードと同じサイズに敷きつめま
しょう 。

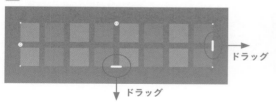

ドラッグ

ドラッグ

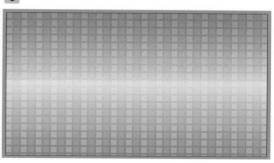

04. 背景②を作る：エンベロープ（ワープ）を適用する

先ほど作成したリピートオブジェクトを選択して、[オブジェクト]メニュー→[エンベロープ]→[ワープで作成...]を実行します。「ワープオプション」ダイアログから[波型]を選択すると **7**、連続する四角形が波のような形に変形します **8**。

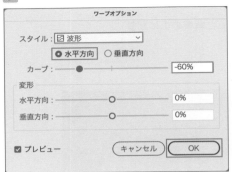

[スタイル：波形] [カーブ：-60%]に設定

05. 背景②にオーバーレイを設定する

「透明パネル」を開き、背景②のオブジェクトを選択して[描画モード]を[オーバーレイ]に設定します **9**。すると、背面にあるグラデーションの色調によって、白の色の濃淡が変化します **10**。

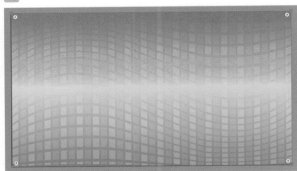

06. 文字を入力する

「文字」レイヤーを作成します。アートボード上で文字を入力して 、「透明パネル」から［描画モード：スクリーン］に設定します。設定できたら文字をコピー＆ペーストで複製して、合計3つの文字オブジェクトを作成します。色をそれぞれRGBの値を［255（他は0）］にして **12** **13**、3つを少しずつずらして重ねると、色収差を表現できます **14**。

11

［フォントファミリ：Bello Script Pro Regular］に設定

12

RGBのうち1つを［255］にして、他は［0］にする

13

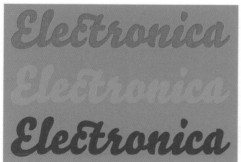

memo 🖍
光の三原色といわれる、R（レッド）G（グリーン）B（ブルー）を［描画モード：スクリーン］として重ねると「加法混色」となって、3色が重なり合った部分の色が白になります。

14

意図的に文字同士をずらすことで、色収差（カメラのレンズなどを通して生じる光による色のずれ）を表現

07. 輝く効果をつける

「飾り」レイヤーを作成します。[楕円形ツール] ◯ で円を描き、「グラデーションパネル」から[種類：円形グラデーション]を適用します。カラー分岐点の左端を[白：R255／G255／B255]、右端を[不透明度：0％]の[黒：R0／G0／B0]に設定して **15** **16**、「透明パネル」の[描画モード：覆い焼きカラー]にすると、光り輝く円を描くことができます。

複製してひとつずつのサイズを調整して配置すれば完成です **17**。

15

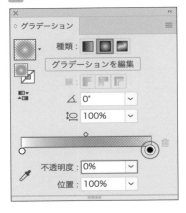

16

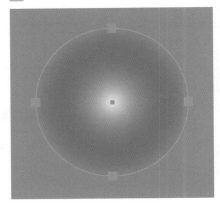

17

memo ✏

それぞれの描画モードやグラデーションの設定を変えることで、よりオリジナリティの高い作品に仕上がります。例えば、[フレアツール] を使うと、光のリングを二重にするなどの細かい設定が可能です。

Lesson 6
画像とマスク

この章では、Illustrator上での画像の取り扱いとマスクについて学習します。ベクター形式が基本となるIllustratorでは、ラスター形式の画像に対してできることは限られています。しかし、デザインにおいて画像を扱うシーンは少なくありません。基本的な画像の取り扱いはできるようになっておきましょう。また、不要な範囲を隠すマスクの手法についても解説しています。マスクは普段の作業でもよく使うので、ぜひマスターしておきたい機能のひとつです。

画像について知ろう

Illustratorはベクター形式を主に扱うツールですが、画像を扱うシーンも決して少なくありません。最低限の知識は身につけておきましょう。

📖 画像とは

Illustratorの中で「画像」と呼ぶ時は、基本的にラスター（ビットマップ）形式のデータのことを指します。パスや文字など、拡大しても荒れないベクター形式のデータとは異なり、ピクセル（ドット）の集合体で作られるデータのことです。主に写真のようなものを想定しておけばよいでしょう。Illustratorにおいて画像は「配置」（取り込み）して使うのが一般的で、それ自体を編集する機能はあまり多くありません。

ベクター形式とラスター形式の違い

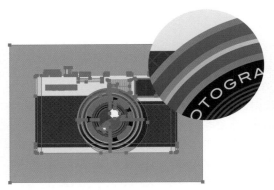

パスで構成されたイラスト
（ベクター形式）

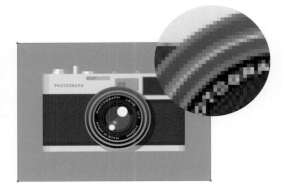

画像
（ラスター形式）

📖 画像の種類

Illustratorに配置できる画像の種類は多くありますが、一般的に使われるのは「PSD形式」「PNG形式」「JPEG形式」「TIFF形式」のいずれかです。「PSD形式」は、Photoshopのデータ形式です。レイヤーや透過など、さまざまな機能を使えるので、可能であればこの形式を選ぶのがよいでしょう。「PNG形式」は、Webサイトでも一般的に使われ、透過情報を含めることができます。データ容量のわりに高い画質を保持できるバランスの良い形式です。「JPEG形式」もWebサイトで一般的に使われています。大きなメリットは、データ容量を小さくできる点です。ただし、圧縮前の状態に戻すことのできない不可逆圧縮を行うので画像が劣化してしまうデメリットもあります。「TIFF形式」は、圧縮しない形式ですので画質がきれいなのが特徴ですが、その分データ容量が大きくなってしまう難点があります。印刷用のデータでまれに使われますが、はじめのうちは候補から外しておいてもよいでしょう。

よく使われる画像の種類

形式	メリット	デメリット	ファイル名の拡張子
PSD	Photoshopで編集可能	一般的なツールで編集不可	.psd
PNG	透過情報を含められる	JPEGよりは容量が大きい	.png
JPEG	データ容量：小さい	画像が劣化する	.jpg
TIFF	圧縮せず画質がきれい	データ容量：大きい	.tif

めじろ.psd　　めじろ.png　　めじろ.jpg　　めじろ.tif

基本的にはファイル名の拡張子で判別できる

解像度について知ろう

　ラスター形式の画像には「解像度」という概念があります。ベクター形式はいくら拡大しても滑らかな線を維持できるのに対し、ピクセルをマス目状に敷き詰めてできているラスター形式は、どんどん拡大していくと、いずれマス目自体を視認できるようになってしまいます。簡単にいうと、このマス目の細かさのことを解像度といいます。

　一般的には、1インチ四方をいくつのマス目で分割するかで値が決まり、このことからdpi（dot per inch）やppi（pixel per inch）といった単位が使われます。例えば、一辺1インチを72分割したマス目なら72dpi（ppi）ですし、350分割なら350dpi（ppi）となります。分割が細かいほどより高精細になりますが、扱うピクセルの数も増えるためデータ容量が大きくなっていきます。どのくらいの値が適しているかは、画像を表示するデバイスやメディアによって変わります。

解像度の仕組みとデバイスの違いによる必要な解像度の目安

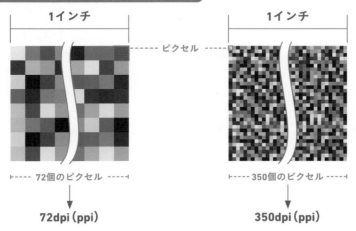

デバイス	代表的なメディア	必要な解像度
一般的なディスプレイ	従来のPCなど	72dpi（ppi）
高精細ディスプレイ	PCやスマホなど	144〜288dpi（ppi）程度
一般的なオフセット印刷	雑誌やチラシなど	300〜350dpi（ppi）

02

Lesson 6

Illustratorで画像を扱おう

画像についての基本的な知識を身につけたら、実際に扱ってみましょう。配置方法の違いやベクター形式のデータを画像に変換する方法などについて解説します。

Illustratorで画像を扱う

まず、画像ファイルを現在作業中のドキュメントに取り込むのが一般的です。この作業を「配置」と呼びます。また、パスオブジェクトなどベクター形式のデータをラスター形式のデータに変換する場合もあります。この変換を「ラスタライズ」と呼びます。Illustratorではほとんどの場合において、このどちらかで画像を扱うことになります。

既存の画像を配置する・ラスタライズで新しい画像を作る

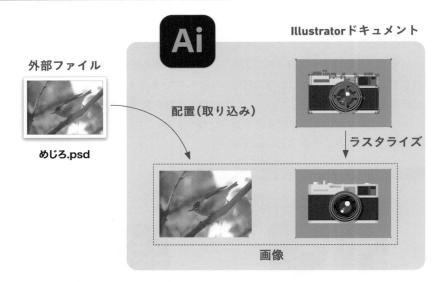

外部ファイル

めじろ.psd

Illustratorドキュメント

配置（取り込み）

ラスタライズ

画像

リンクと埋め込みの違い

配置には大きく分けて「リンク」と「埋め込み」の2種類があります。「リンク」は、画像ファイルの場所だけを覚えて配置の状態を記録するという配置方法です。Illustratorファイルの中に画像を保持しておく必要がないため、ファイル容量を節約できるのと、元ファイルを別のツールで編集しただけで自動的にIllustrator上の画像も更新されるのがメリットです。ただし、画像ファイルの場所を移動させるとファイルを見失ってしまい、リンク切れという現象

を起こします。一方「埋め込み」は、画像のコピーをIllustratorファイルの中に含めて保持する方法です。コピーを保持するのでファイルの容量は大きくなりますが、リンク切れを起こす心配はありません。どちらがよいかは、ファイル管理や作業の効率によりケースバイケースです。配置した画像は一見同じように見えますが、選択したとき対角線の選択枠が表示される場合はリンク、そうでない場合は埋め込みというように見分けることができます。

リンク画像と埋め込み画像を選択したときの表示の違い

リンク画像

埋め込み画像

📖 画像を配置する

[ファイル]メニュー→[配置...]を選択し、取り込みたい画像ファイルを選びます。この時、command（Ctrl）を押しながらクリックして、複数のファイルを同時に選択することもできます。なお、画面下部の[リンク]のチェックをオンにしておくとリンク画像、オフにしておくと埋め込み画像になります。

ファイルの選択と[リンク]チェックの設定ができたら、[配置]ボタンをクリックします。カーソルがグラフィック配置ポインターに変わり、画像を置きたい位置をクリックするとそこを左上として画像が配置されます。複数ファイルを選択してある時は、クリックするごとに1枚ずつ配置されていきます。

画像の配置方法

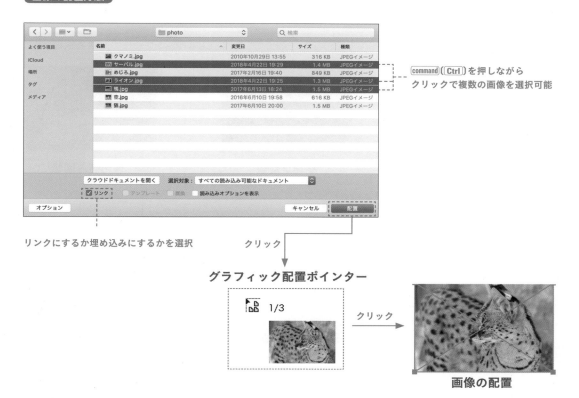

📖 カラープロファイルの取り扱い

カラープロファイルとは、異なるデバイスでも一貫したカラーを維持するために画像に埋め込まれた情報のことです。一部の画像では、配置する時にこのカラープロファイルに関する警告が表示されることがあります。これは、現在作業しているドキュメントのカラープロファイルと、配置しようとした画像のカラープロファイルが異なる時に表示されるものです。基本的に [作業用スペースの代わりに埋め込みプロファイルを使用する] を選択して [OK] をクリックするとよいでしょう。

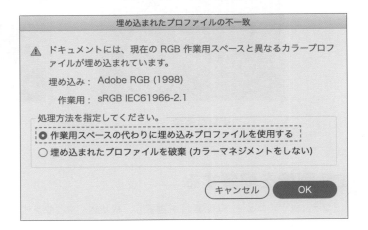

📖 リンクと埋め込みを変更する

リンクを埋め込みにするには、画像を選択した上で「コントロールパネル」の [埋め込み] をクリックします。逆に、埋め込みをリンクにすることも可能です。画像を選択した上で「コントロールパネル」の [埋め込みを解除] をクリックすると、保存先を指定するダイアログが開くので、任意の場所へ画像を保存します。これで、保存したファイルへのリンク画像になります。

リンクと埋め込みは変更可能

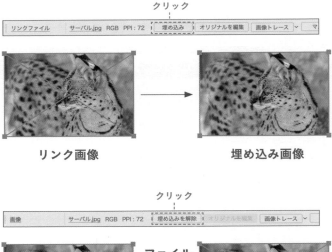

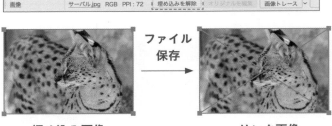

ラスタライズする

パスオブジェクトなどのベクター形式のデータを選択し、[オブジェクト]メニュー→[ラスタライズ]を選択すると、画像に変換できます。これがラスタライズです。

ラスタライズ時には、[カラーモード]や[解像度]などのオプションを設定することになります。[カラーモード]は、現在のドキュメントのカラーモードが自動で選択されるのであえて変更する必要はありません。[解像度]は使う目的によって変更します。[背景]は、背景を白で塗りつぶすか透明の状態にするかを指定します。[オプション]の項目は、基本的に初期設定の状態でよいでしょう。ラスタライズされた画像は、すべて埋め込み画像になります。

`ベクターをラスターに変換するラスタライズ`

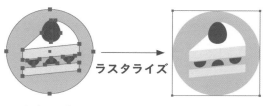

ラスタライズ →

ベクターデータ   画像

画像の情報を確認する

画像についての詳しい情報を確認する時は「リンクパネル」を使います。現在のドキュメントで使われている画像の一覧が表示されており、任意の項目を選択してパネル左下の[リンク情報を表示]をクリックすれば、画像の大きさや解像度、リンクの場所など、詳しい情報を確認できます。

`画像の一覧と詳細情報を確認できる「リンクパネル」`

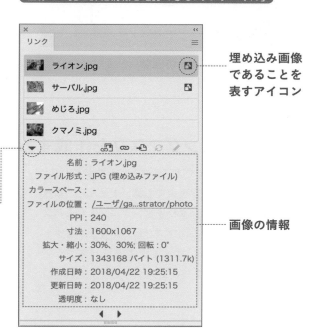

埋め込み画像であることを表すアイコン

リンク情報を表示／非表示

画像の情報

03

Lesson 6

マスクについて知ろう

オブジェクトの必要な範囲だけを表示し、それ以外のエリアを隠すことを「マスク」と呼びます。マスクは画像を扱う時によく使用するので、基本的な使い方を覚えておきましょう。

クリッピングマスクについて

Illustratorにおけるマスクの基本となるのが「クリッピングマスク」と呼ばれる手法です。マスクとなるパスオブジェクトを使い、その他のオブジェクトをマスクします。この時、マスクとして使うパスを「クリッピングパス」と呼びます。クリッピングパスは必ずパスオブジェクトでないといけませんが、マスクの中身は画像に限らずどのようなオブジェクトでも対象にできます。

パスオブジェクトの外側を見えないように隠す「クリッピングマスク」

元の画像

クリッピングパス

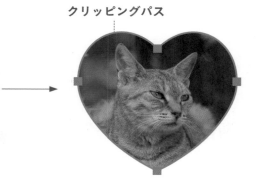

クリッピングマスク

クリッピングマスクを作成する

マスク対象となるオブジェクトは、画像やパス、文字など、どのようなものでも構いませんし、複数でも問題ありません。クリッピングパスとなるパスオブジェクトを用意し、マスクしたいオブジェクトの最前面に重ねます。すべてを選択し、[オブジェクト]メニュー→[クリッピングマスク]→[作成]を実行すれば、クリッピングパスの形にすべてがマスクされます。この時、マスクに関わるすべてのオブジェクトはひとつのグループになります。マスクを解除するには、マスクのグループを選択し、[オブジェクト]メニュー→[クリッピングマスク]→[解除]を実行します。

グリッピングパス

グリッピングパスを最前面にする

マスクした状態

マスクの中身を編集する

クリッピングマスクをしたあとで、マスクの中身を編集したい場合もあります。いくつの方法がありますが、編集モードを使うのが最も簡単です。マスクのグループを[選択ツール] ▶ でダブルクリック

すると、編集モードになります。この状態だと、マスクの中身やクリッピングパス自体を自由に編集可能です。終了する時は、[esc] を押すか何もない余白を[選択ツール] ▶ でダブルクリックします。

編集モードでタイトル下に表示されるバー

⇦ ❖ レイヤー 1 ▦ <クリップグループ>

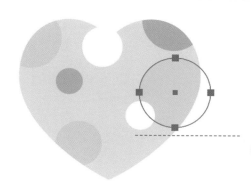

- - - - - - - - - - - - - - - - - - - [選択ツール]でダブルクリックして
編集モードにする

📖 画像を簡単にマスクする

　配置した画像を選択し、「コントロールパネル」の［マスク］ボタンをクリックすると、画像と同じサイズでクリッピングマスクが自動作成されます。そのまま選択を解除せず、バウンディングボックスで、周囲のハンドルをドラッグして画像の見える範囲を調整（トリミング）可能です。

画像限定で簡単にクリッピングマスクを作成できる

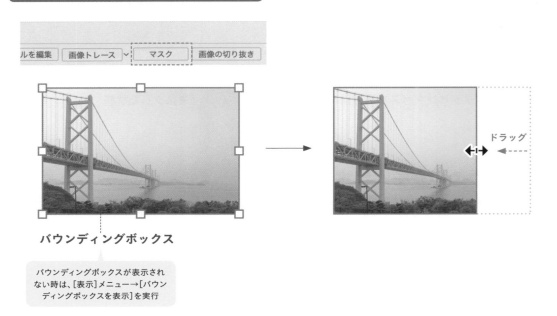

バウンディングボックス

バウンディングボックスが表示されない時は、［表示］メニュー→［バウンディングボックスを表示］を実行

📖 複数のパスをクリッピングパスにする

　アウトライン化した文字など、複数のパスをクリッピングパスとして使いたい時は、事前に「複合パス」にしておくとよいでしょう。マスクとして使いたいパスをすべて選択した状態で［オブジェクト］メニュー→［複合パス］→［作成］を実行すると複合パスにできます。複合パスについては少し難しいので詳しく説明しませんが、この複合パスは特殊なグループの一種です。事前に複合パスにしておくと、複数のパスをクリッピングパスに使うことができます。

複合パスで複数のパスをクリッピングパスとして使う

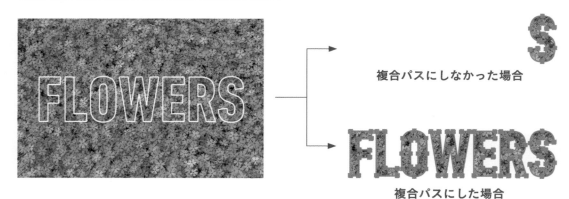

複合パスにしなかった場合

複合パスにした場合

📖 不透明マスクについて

　クリッピングマスクとは別に「不透明マスク」という手法もあります。このマスクのメリットは、色の濃淡で対象の透明度を自由に変化できる点です。マ

スクオブジェクト（マスクとして使うオブジェクト）は、パスオブジェクトだけでなく画像も使えます。

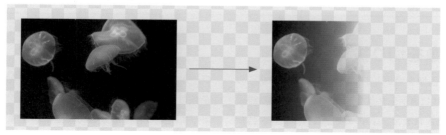

元の画像　　　　　　　　　　　　　不透明マスク

📖 不透明マスクを作成する

　マスクしたいオブジェクトの最前面にマスクとして使うオブジェクトを重ねてすべてを選択し、「透明パネル」の[マスクを作成]をクリックして作成します。標準では、マスクオブジェクトの色が暗い場所ほど対象が透明になります。

　不透明マスクを作成すると、「透明パネル」に2つあるサムネールのうち、左側にマスクされたオブジェクト、右側にマスクオブジェクトが表示されま

す。右側のサムネールをクリックすると、マスクの編集モードになり、マスクオブジェクト以外は選択できなくなります。左側のサムネールをクリックするとマスクの編集モードは終了します。マスクを解除する時は[解除]ボタンをクリックします。[クリップ]がチェックされていると、マスクオブジェクトの形で全体を切り抜いた状態にします。

マスクオブジェクト

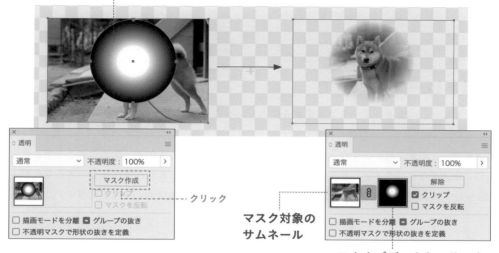

クリック

マスク対象の
サムネール

マスクオブジェクトのサムネール

195

画像をアレンジしよう

切り抜きや簡易的なカラーの調整など、簡単なものであればIllustratorの中で完結できることもあります。ただし、複雑な作業が必要な時は、素直に別ツールを使うのがよいでしょう。

画像を切り抜く

埋め込み画像を選択し、「コントロールパネル」の[画像の切り抜き]をクリックすると、画像の周囲に枠が表示されます。枠の4隅と4辺に表示されたハンドルをドラッグしてサイズを調整し、「コント

ロールパネル」の[適用]をクリックすると、枠の大きさに画像が切り抜かれます。なお、切り抜きによって削除された部分は、完全に消えてしまうので注意しましょう。

`サイズを指定して画像を切り抜き`

クリック

クリック

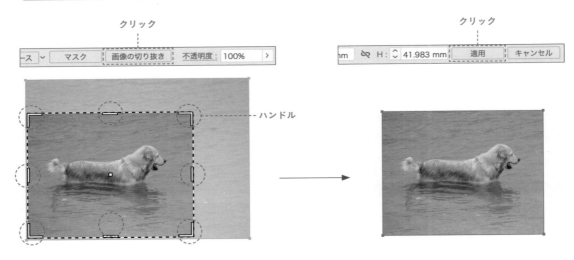

ハンドル

画像トレースについて

画像を下絵として、ベクターデータで清書する作業を「トレース」と呼びます。一般的には[ペンツール] などを使って手動で行いますが、実際にはとても根気のいる大変な作業です。これを自動化したのが「画像トレース」機能です。画像を選択し、「コ

ントロールパネル」の[画像トレース]ボタンをクリックすると、自動的にベクターに変換されます。あくまで自動ですので、精度の高さを求めるものには向いていませんが、イラストの線画などをトレースするときには意外と使える機能です。

ラスターをベクターに自動変換可能

画像

トレース画像

📖 画像トレースを調整する

　画像トレースを実行すると初期設定ではモノクロ状態になりますが、「コントロールパネル」の「画像トレースパネル」アイコンをクリックすることで、細かい調整をするためのパネルが開きます。各種設定を変更すると、トレースの状態を希望のものに近づけていくことができますが、最初のうちは［プリセット］にあらかじめ登録されている設定を選んで切り替えるのがよいでしょう。画像トレースをキャンセルして元の画像に戻したいときは、［オブジェクト］メニュー→［画像トレース］→［解除］を実行します。

プリセットを使うだけでもトレースの状態を変更可能

写真(高精度)

写真(低精度)

3色変換

16色変換

スケッチアート

シルエット

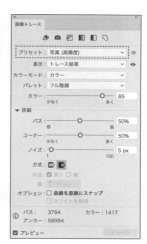

📖 画像トレースをパスに変換する

　画像トレースを実行した画像は、「トレース画像」という一時的なトレース状態になっています。トレース画像を完全なパスのデータに変換するには、「コントロールパネル」の［拡張］ボタンをクリック します。いったん拡張したトレース画像は、「画像トレースパネル」で設定を変更したり、トレース前の画像に戻したりできなくなります。

トレース画像を拡張してはじめてパスになる

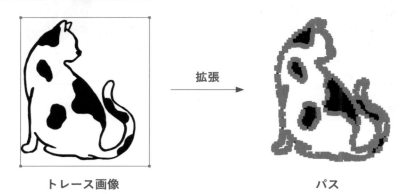

トレース画像　　　　　　　　　　　　　　　パス

📖 Photoshop効果を使う

　［効果］メニューの中には、Photoshop効果という項目があります。P151で解説した通り、PhotoshopのフィルターをIllustratorでも使えるようにしたものです。これを利用すれば、画像に対してさまざまなエフェクトを加えることができます。

画像に対してPhotoshopフィルターを実行

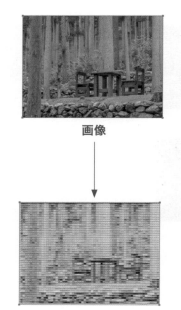

画像

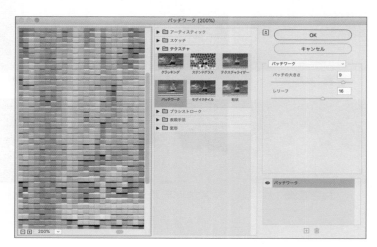

Photoshopフィルターを実行

📖 カラーを調整する

画像を編集する機能には乏しいIllustratorですが、簡易的なカラー調整は可能です。主に、[編集] メニュー→[カラーを編集] の中にある [カラーバランス調整...] [グレースケールに変換] [カラー反転] [彩度調整...] の4項目です。[彩度調整...] は、実行する

と対応していないという警告が表示されますが実際には調整可能です。ただし、彩度の調整というよりは濃度の調整として機能します。なお、カラーの調整が可能なのは、埋め込み画像だけなので、リンク画像はいったん埋め込みへの変換が必要です。

> 埋め込み画像に対する簡易的なカラー調整は可能

カラーバランス調整

グレースケールに変換

カラー反転

彩度調整

Try
05
Lesson 6

写真を並べたポストカード

写真をグリッド状に並べたポストカードを作成しながら、クリッピングマスクの作り方を学習します。マスクにしたいオブジェクトは必ず前面にして、重ね順に気をつけて作成しましょう。

Level
★★★★★

Skill

◯新規ドキュメントを作成する
「新規ドキュメント」ダイアログ

◯クリッピングマスクを作成する
長方形ツール、グリッドに分割、ショートカットで重ね順を変更、ショートカットでクリッピングマスク作成

◯装飾を加える
文字パネル、楕円形ツール、円弧ツール、スターツール

01. 新規ドキュメントを作成する

　[ファイル]メニュー→[新規...]または command（Ctrl）+ N で「新規ドキュメント」ダイアログを開きます。[印刷]タブに切り替えたら、[プリセットの詳細]で[幅：148mm][高さ：100mm]に設定します。

[方向]が横置きになっているのを確認し、[裁ち落とし]を天地左右いずれも[3mm]にして[作成]をクリックします **1**。

1

02. 長方形をグリッド分割する

新規ドキュメントが作成されたら、「ツールパネル」
から[長方形ツール]▢を選び、[shift]を押しなが
らドラッグして正方形を描きましょう。ここでは幅
と高さを[80mm]にして、アートボードの端から
10mmずつ余白をとった位置に配置しています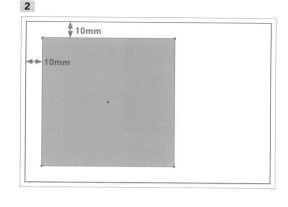。

[選択ツール]▶で正方形を選択して[オブジェク
ト]メニュー→[パス]→[グリッドに分割...]を実行
し、[行][列]ともに[段数：2]、[間隔：2mm]に設
定したら[OK]をクリックしましょう**3**。これがマ
スク用のオブジェクトになります**4**。

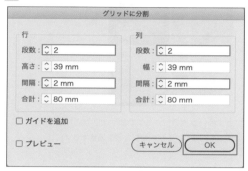

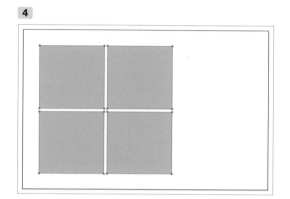

03. オブジェクトでクリッピングマスクを作成する

[ファイル]メニュー→[配置...]から、レイアウト
に使いたい写真のファイルを選びます**5**。アート
ボード上をクリックして画像が配置されたら、その
まま[shift]+[command]([Ctrl])+[]を押して最背面
に送りましょう**6**。正方形のオブジェクトが前面
になっている状態で、正方形と画像の両方を[選択

ツール]▶で選び、[command]([Ctrl])+[7]を押すとク
リッピングマスクが作成されます**7 8**。

マスク内の画像は[ダイレクト選択ツール]▷で
選択できます。大きさや位置など、ツールを切り替
えながら調整しましょう。残りの3つの正方形も同
様の手順でクリッピングマスクにします**9**。

ここでは[リンク]をオン
にした状態でPSDファイ
ルを選択

6

画像が配置されたら shift + command（ Ctrl ）+ で画像を最背面へ送る

7

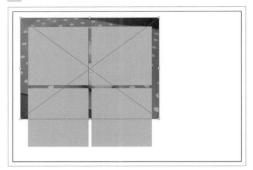

画像とオブジェクトを一緒に選ぶ

8

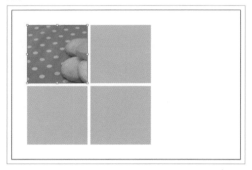

command（ Ctrl ）+ 7 でクリッピングマスクにする

9

他の画像も配置し、トリム位置などを調整する

━━ memo ✎ ━━

クリッピングマスクは［オブジェクト］メニュー→［クリッピングマスク］→［作成］でも作成できますが、頻繁に行う操作のためショートカットでの実行がおすすめです。

━━ memo ✎ ━━

command（ Ctrl ）を押している間、［選択ツール］▶ は［ダイレクト選択ツール］▷ に、［ダイレクト選択ツール］▷ は［選択ツール］▶ に一時切り替えができます。

04. 配置画像からクリッピングマスクを作成する

先ほどと同じ手順で背景用の画像を配置し、shift + command（ Ctrl ）+ でレイアウトの最背面に送ります **10** 。画像だけを選択している状態で command（ Ctrl ）+ 7 を押すと、画像と同じ大きさでクリッピングマスクが作成されます **11** **12** 。作成直後はマスク用オブジェクトが選択されているので、バウンディングボックスや「変形パネル」などを使って、大きさや位置をそのまま調整しましょう。ここでは、ハガキサイズに天地左右3mmずつの塗り足しを含めた大きさに変更しました。

●塗り足しについてはP222を参照

10

背景用の画像を配置して最背面にする

11

レイヤー

　　✓ 🖼 レイヤー 1 ○ ■
　　> 🖼 <クリップグループ> ○
　　> 🖼 <クリップグループ> ○
　　> 🖼 <クリップグループ> ○
　　> 🖼 <クリップグループ> ○
　　✓ 🖼 <クリップグループ> ○ ■
　　　🗌 <クリッピングパス> ◎ ■
　　　🖼 6-05_sozai05.psd ○

1 レイヤー

12

画像から直接クリッピングマスクが作成されたら、大きさ
や位置を調整する

05. 文字や装飾パーツなどを配置する

　空いている箇所に文字や装飾用のパーツを配置しましょう。ふきだしは[楕円形ツール] ◉ と[円弧ツール] ⌒ で描いた正円と曲線を組み合わせて作成しています。「ノ」の字に描いた曲線に、「線パネル」で[プロファイル：線幅プロファイル4]を適用するとふきだし口らしい形に調整できます **13** **14**。空いている箇所には、[スターツール] ☆ で描いた星などを散りばめてもよいでしょう **15**。

13

線幅: 20 pt
線端:
プロファイル:

ふきだし口の線に適用した線幅プロファイル

14

15

文字や装飾用パーツを配置した例

「Homemade Sweets」は[フォントファミリ：Coquette Regular]、「Proteus」は[フォントファミリ：Coquette Extrabold]で、どちらも[カーニング：メトリクス]、カラーは[C100／M50／Y30／K0]に設定（カラーはふきだしも同じ）
ふきだし中の文字と下部の文字は、[フォントファミリ：DNP 秀英丸ゴシック Std B][カーニング：メトリクス]で、カラーはそれぞれ[白：C0／M0／Y0／K0][黒：C0／M0／Y0／K100]に設定

203

06
Lesson 6

Try

画像をトレースしてイラストにする

写真素材をIllustratorでトレースしてベクターデータに変更すれば、デザインの飾りとしても利用しやすくなります。画像トレースの基本的な流れと、基本設定を見ていきましょう。

Level
★★★★★

Skill

●画像をトレースする
画像トレースパネル

●トレースした画像を一部選択する
自動選択ツール、
ダイレクト選択ツール

01. 画像を配置してトレースする

新規ドキュメントを作成し、[ファイル]メニュー→[配置...]でサンプルデータ「6-06.sozai.jpg」を配置します **1**。

[ウィンドウ]メニュー→[画像トレース]で「画像トレースパネル」を表示します。配置した画像を選択すると、「画像トレースパネル」を操作できるようになります **2**。まずは基本動作の確認をしましょう。

上段の6つのボタンを選択すると、自動カラー（①）／カラー（高）（②）／カラー（低）（③）／グレース

ケール（④）／白黒（⑤）／アウトライン（⑥）が指定でき、トレースが実行されます。選択した項目は[プリセット]欄（⑦）にセットされます。

2

1

---

memo ✏️

他にも「プリセット」のプルダウンメニューの中には11種類の設定が用意されています。この基本的なプリセットを用いたトレースは「コントロールパネル」からの操作も可能です。

02. トレースのパスの精密度を調整する

[詳細] 欄を開くと、トレースのパスの精密度をスライダーで調整できます。色数やパスの数を抑えたほうがデータとしては軽くなる傾向にありますが、精密な図形などの表現は崩れてしまう可能性もあります。 **3** のように設定してから [トレース] をクリックして実行しましょう。[オプション：ホワイトを無視] にチェックを入れると背景が白系の色の場合、トレース結果から省いてくれます。それでも背景が残る時は、画像を選択してから右クリックで [グループを解除] し、[ダイレクト選択ツール] や [自動選択ツール] を使って不要な部分を選択してから削除します **4** 。

3

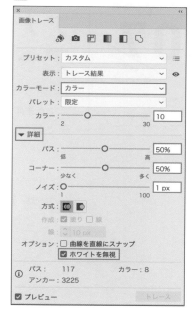

4

03. トレースした画像をベクターデータにする

トレースしたオブジェクトを選択して「コントロールパネル」から [拡張] をクリックします **5** 。拡張したオブジェクトは、元の画像がIllustrator上では破棄されてベクターデータに変換されます **6** 。

6

5

04. ベクターデータを着色する

最後に、[ダイレクト選択ツール] でアヒルの目を選択してからカラーを [R0／G0／B0] に変更し、[長方形ツール] で塗りが [R132／G235／B255] の背景を追加して完成です **7** 。

7

07

Lesson 6

アナログ感のある
アートワークを作る

Level

⭐⭐⭐⭐⭐

[効果]メニューを使うと、ベクターのデータであっても手描き風のテクスチャを作成できます。「Photoshop効果」では、Photoshopと同じフィルターギャラリーが利用可能です。Illustratorで作成すれば、あとからの色や形の変更も簡単です。

Skill

○アナログ風の効果をつける
[効果]メニュー

○つけた効果を再編集する
アピアランスパネル

01. 背景にテクスチャライザーを適用する

　ここでは、サンプルデータ「6-07.sozai.ai」を開いて操作していきます。まず、「背景」レイヤーを開いて長方形レイヤーの右にある○をクリックして長方形を選択します **1**。[効果]メニュー→[効果ギャラリー...]を選択し、効果ギャラリーの中から、[テク

スチャ]→[テクスチャライザー]を選択して、左側に表示される適用後のイメージを見ながら、右側に表示される項目のスライダーを調整して、[OK]をクリックします **2**。「背景」にテクスチャライザーが適用されます **3** **4**。

1

クリック

point 🔍

[選択ツール]▶などでも長方形の選択が可能ですが、ここで紹介したように「レイヤーパネル」を使用するとオブジェクトが複雑に重なり合った場合などに希望するオブジェクトを簡単に選択できます。

2

3

テクスチャライザー適用前(拡大)

4

テクスチャライザー適用後(拡大)

02 . 青空の部分に同じ効果を適用する

　青空にも手順01と同じ効果を適用していきましょう。まず手順01を終えた直後に、「青空レイヤー」内の楕円形レイヤーの右にある○をクリックして[効果]メニュー→[テクスチャライザーを適用]を選択します **5** 。空にもテクスチャが適用できました **6** **7** **8** 。

> **point**
> この操作では、直前に行った効果と同じものを適用できます。

5

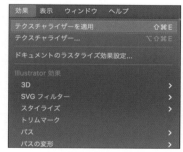

効果	表示	ウィンドウ	ヘルプ

テクスチャライザーを適用　　　　　⇧⌘E
テクスチャライザー...　　　　　　⌥⇧⌘E

ドキュメントのラスタライズ効果設定...

Illustrator 効果
3D　　　　　　　　　　　　　　　＞
SVG フィルター　　　　　　　　　＞
スタイライズ　　　　　　　　　　＞
トリムマーク
パス　　　　　　　　　　　　　　＞
パスの変形　　　　　　　　　　　＞

6

テクスチャライザー適用前(拡大)

7

テクスチャライザー適用後(拡大)

8

03. フィルターを適用した後に背景を修正する

　一度適用したフィルターは「アピアランスパネル」で管理されており、あとから変更することが可能です **9** 。ここでは、フィルターの効果はそのままにしておきます。青空のオブジェクトを選択した状態で、「グラデーションパネル」を用いて、青空を黄色からオレンジ色のグラデーションに変更しました **10** **11** 。

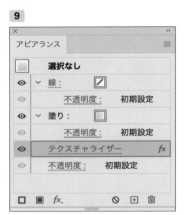

9

10

[左端の分岐点：R255／G169／B127] [右端の分岐点：R252／G251／B191] で [角度：90°] に設定

この作例では変更しないが、下線の引かれた [テクスチャライザー] の文字を選択すると変更が可能

11

04. 虹を手描きのスケッチ風にする

　虹のオブジェクトを [選択ツール] ▶ などで選択して、[効果] メニュー→[スタイライズ]→[落書き...]を選択します。「落書きオプション」ダイアログが表示されたら、 **12** のように設定して [OK] をクリックします **13** 。

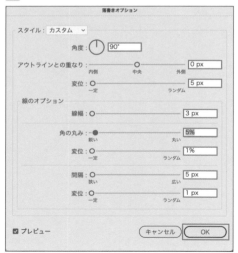

12

13

虹が手描きしたような見た目に変更される

05 . うさぎの線をざらざらにする

うさぎのオブジェクトを選択して、[効果] メ
ニュー→[パスの変形]→[ラフ...]を選択します。「ラ
フ」ダイアログが表示されたら、 **14** のように設定し
て[OK]をクリックします **15** 。

14
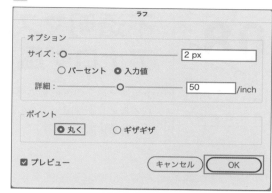

15

memo ✏
各数値は元の画像のパスの数やサイズによっ
て最適な数値が変化します。[プレビュー]をオ
ンにして確認しながら作業してみましょう。

06 . 花と文字にフィルターを適用する

テキストと花のオブジェクトを選択し[効果] メ
ニュー→[効果ギャラリー...]を選択します。効果
ギャラリーの中から、[アーティスティック]→[粗い
パステル画]を選択して、左側に表示される適用後
のイメージを見ながら、右側に表示される項目のス
ライダーを調整して、[OK]をクリックします **16** 。
花と文字にフィルターが適用されて完成です **17** 。

16

17

209

Try
08
Lesson 6

**不透明マスクで
アナログ風に加工する**

不透明マスクの機能を活用して、フラットなタッチのイラストをアナログ風に加工してみましょう。[マスクの反転]や[クリップ]のオプションも活用すると、利用シーンがさらに広がります。

Level
★★★★★

Skill

● テクスチャ画像を配置する
[ファイル]メニュー→[配置...]

● 不透明マスクを作成、操作する
透明パネル

01. イラストとテクスチャ画像を用意する

今回はサンプルデータからベクターイラスト「6-08_sozai01.ai」 **1** とテクスチャ画像「6-08_texture01.psd」 **2** を使用します。イラストはIllustratorの機能を使って自由に描いたものでも構いません。テクスチャ画像はAdobe Photoshopなどであらかじめグ

レースケールに変換しておきましょう。

作例では[カラーモード：CMYKカラー]で作業をしますが、[RGBカラー]の場合も仕組みや考え方は同様です。

1

細かく陰影の描き込まれたイラストより、フラットなタッチのもののほうが結果が分かりやすくおすすめ

2

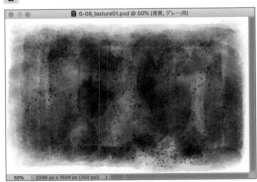

絵の具風のにじみやはねがあるテクスチャ画像をグレースケールで用意する

02. イラストの上にテクスチャ画像を配置する

まず「6-08_sozai01.ai」を開き、[ファイル]メニュー→[配置...]から「6-08_texture01.psd」を選択し、[配置]をクリックします 3 。アートボード上を

クリックして画像が配置されたら 4 、[選択ツール] ▶ などを使ってイラスト全体に重なるよう調整しましょう 5 。

3

ここではテクスチャ画像の更新にも対応できるよう、[リンク]をオンにして配置

4

5

イラスト全体に重なるよう配置

03. 不透明マスクを作成する

「レイヤーパネル」でテクスチャ画像が最前面になっているのを確認し 6 、[選択ツール] ▶ でイラスト全体とテクスチャ画像を一緒に選択します 7 。「透明パネル」で[マスク作成]をクリックすると 8 、最前面のオブジェクトで不透明マスクが作成されま

す 9 。[マスクを反転]をオンにして透け方を反転させたら、「透明パネル」で左側のイラストのサムネールをクリックし 10 、不透明マスクの編集を終了して完成です 11 。

6

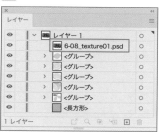

7

全体を選択

211

8

[マスク作成]をクリック

9

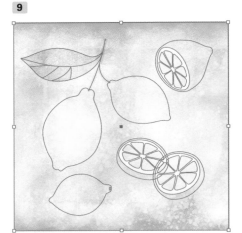

不透明マスクが作成された

10

[マスクを反転]をオンにして、イラストのサムネールをクリック

11

完成

> **memo**
> 不透明マスクでは、上に重ねているマスクオブジェクトのグレースケール濃度に応じてマスク対象の不透明度が変わる仕組みになっています。デフォルトでは黒に近づくほど透ける設定のため、作例のように黒い部分の多いマスクオブジェクトを利用すると、白飛びしたような仕上がりになることがあります。このようなケースでは[マスクを反転]のオプションを活用するとよいでしょう。

04. 編集対象を切り替える

テクスチャ画像の位置や大きさなどはあとから何度でも変更できます。マスクオブジェクトを再編集するには、不透明マスクを適用したイラスト全体を選択してから「透明パネル」でマスク画像のサムネールをクリックしましょう **12** **13**。マスクされたオブジェクトとマスクオブジェクト、どちらも「透明パネル」のサムネールのクリックで編集対象を切り替えられるようになっています **14** **15**。

12

マスクされたオブジェクトを編集するには「透明パネル」の左のサムネールをクリック

14

マスクオブジェクトを編集するには「透明パネル」の右のサムネールをクリック

13

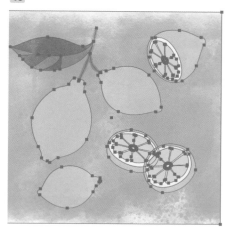

15

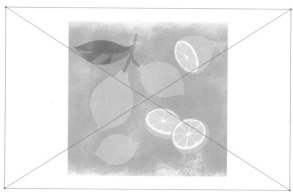

05 . 画像を変えてバリエーションを作成する

　マスクオブジェクトに利用するテクスチャ画像を変えてみましょう。図のような風合いに変更できます **16** **17** **18** **19**。テクスチャ画像は実際にアナロ

グ素材をスキャンして作成する、素材配布サイトなどで入手する他に、PhotoshopやAdobe Frescoなどでブラシを使って自作するのもおすすめです。

16

適用 →

17

「6-08_texture02.psd」を不透明マスクとして適用した例

18

適用 →

19

「6-08_texture03.psd」を不透明マスクとして適用した例

「透明パネル」の［クリップ］オプションの活用

［クリップ］オプションを使うと、重なっている部分だけを隠す不透明マスクも作成できます。前後関係や奥行き感のあるイラストを作成する際に便利な処理ですので、ここではレモンとカゴの2つのイラストを用いて、カゴの中にレモンが入っているイラストを作成してみましょう。

01 マスクを作成して適用する

サンプルデータの「6-08_sozai02.ai」を開いて、レモンとカゴのパーツでそれぞれグループ化したイラストを使用します 1。隠したい部分に合うよう、塗りのカラーに［C0／M0／Y0／K100］を適用したブラックのパーツを作成して重ねます 2。［選択ツール］ ▶ でレモンのイラストとパーツ両方を選択したら、「透明パネル」で［マスク作成］をクリックしましょう 3 4。

レモンとカゴのパーツでそれぞれグループ化してあるイラストを用意

隠したい部分に合わせてブラックのパーツを作成して重ねたら、レモンのイラストと一緒に選択（カゴは選択しない）

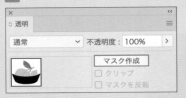

［マスク作成］をクリックすると、レモンのイラストが見えなくなる

02 ［クリップ］をオフにする

［クリップ］をオフにすると 5、ブラックのパーツの重なり部分だけを隠すことができました 6 7。

このように［クリップ］をオフにすると、不透明マスクの背景全体がブラックからホワイトに変わります。そこへブラックのパーツをマスクオブジェクトとして配置すると、重なっている部分のみを隠せるという仕組みです。隠す場所を小さなパーツで効率よくコントロールできるので、通常のクリッピングマスクでは対応が面倒なケースでも役立ちます。

この状態で、［クリップ］をオフにする

ブラックのパーツが重なっている部分だけが隠せるようになる

完成

Lesson 7

データの書き出し

この章では、Illustratorでのデータの書き出しについて学習します。Illustratorはさまざまな目的に利用されますが、データをそのまま使えるケースは多くありません。最終的な目的に応じてデータ形式を変換する必要があります。特にWebサイトの画像として使う時に、データの書き出しは重要になります。よく使われる画像形式と、それらの形式に書き出しする方法をマスターしましょう。

データの書き出しについて知ろう

Illustratorのデータを他の目的で使う際、用途に応じたファイル形式に変換することを「書き出し」と呼びます。ここでは、その概要について解説します。

📖 データ書き出しの必要性

Illustratorで作成したデータは、通常「ai形式」というIllustrator専用の形式で保存することになります。この形式のままでは、Illustratorや一部の限られたアプリケーションでしか取り扱いができないため、用途に応じたファイル形式に変換する必要があります。この変換する作業を「書き出し」と呼んでいます。一般的なソフトウェアでもよく使う「別名で保存」と似ていますが、書き出しはデータの一部を抜き出し、形式を変えて保存するというニュアンスを含んでいます。

別の形式に変換して保存することが「書き出し」

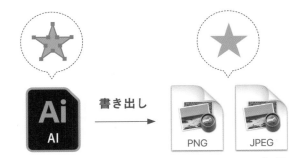

Illustratorファイル　　書き出し　　PNG JPEG SVGなど

📖 よく使うデータ形式

Illustratorのデータを別の目的で扱う際よく使われる形式は、印刷の入稿やWebでの配布などを目的とした「PDF形式」、Photoshopとの連携を目的とした「PSD形式」、Webサイトの画像などでよく使う「PNG形式」と「JPEG形式」、ベクター形式のままWebサイトに用いる「SVG形式」あたりがメジャーです。「PDF形式」は、Illustratorのデータと互換性が高く、作ったデザインをそのまま閲覧できるように変換できます。「PSD形式」「PNG形式」「JPEG形式」では、ベクターをラスターに変換した上でそれぞれの形式にします。「SVG形式」は、Illustrator独自の処理を含めることはできませんが、基本的なベクターをそのままWebサイトで使うことができます。

Illustratorから書き出しする場面が多いファイル形式

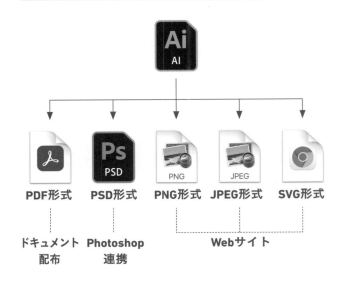

PDF形式　PSD形式　PNG形式　JPEG形式　SVG形式

ドキュメント配布　Photoshop連携　Webサイト

Study

02 データを書き出そう

Lesson 7

実際にデータを別の形式に書き出してみましょう。書き出す形式によって若干手順が異なるので、それぞれの方法を身につけておくとよいでしょう。

📖 アセットの書き出しをする

アセットとは、Illustratorで作成したパーツのことを指しています。書き出したいパーツを「アセット書き出しパネル」へドラッグ＆ドロップすると、パネル上にアセットとして登録されます。元のデータを編集すると自動的にアセットも更新されます。アセットの下にある文字は、クリックで書き換えが可能で、書き出したあとのファイル名となります。[書き出し設定]の項目では、ファイル形式、倍率、サフィックス（ファイル名の末尾に追加する文字）

を指定します。[スケールを追加]をクリックすると、設定を複数に増やすことができます。これを使えば、等倍サイズと2倍サイズのPNGを同時に書き出すというように、複数の書き出しを一気に処理できます。あとは、書き出したいアセットを選択した上で[書き出し]ボタンをクリックし、書き出し先を選べば完了です。登録したアセットは、ゴミ箱のアイコンをクリックしてパネルから削除できます。

「アセットの書き出しパネル」で簡単にパーツの書き出しが可能

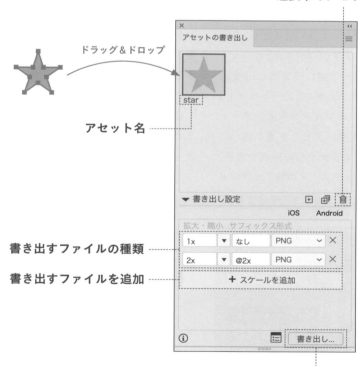

選択中のアセットを削除

ドラッグ＆ドロップ

アセット名

書き出すファイルの種類

書き出すファイルを追加

書き出しを実行

スクリーン用に書き出す

[ファイル] メニュー→ [書き出し] → [スクリーン用に書き出し...] を選択するか、「アセット書き出しパネル」の [スクリーン用に書き出しダイアログを開く] アイコンをクリックすると、書き出し用のダイアログが開きます。「アセット書き出しパネル」の機能を拡充したような内容で、アセット単位の他にアートボード単位での書き出しができる点が大きく異なります。また、[サブフォルダーを作成] のチェックで、ファイルの種類に応じたサブフォルダーの分類方法を指定したり、プレフィックス（ファイルの先頭に追加する文字）を指定する機能もあります。

より細かい設定が1画面の中でできるダイアログ

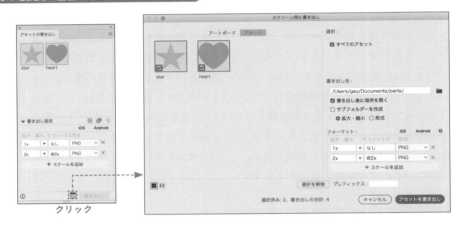

クリック

アートボードを書き出す

アートボードは、「スクリーン用に書き出し」ダイアログを使って書き出します。[ファイル] メニュー→ [書き出し] → [スクリーン用に書き出し...] を選択してダイアログを開き、上部の [アートボード] タブをクリックすると、ドキュメント上のアートボードが一覧表示されます。「アセット書き出しパネル」と同様に、書き出すファイルの形式や倍率、プレフィックス、サフィックス、その他のオプションを設定し、書き出したいアートボードにチェックを入れた上で [アートボードを書き出し] をクリックします。

アセットの場合は、パーツ自体のサイズが書き出し後の画像サイズになりますが、アートボードを使うと余白を持たせた自由な大きさにできるのがメリットです。

サイズ違いのバナーなどを複数アートボードで作っておけば一気に書き出せる

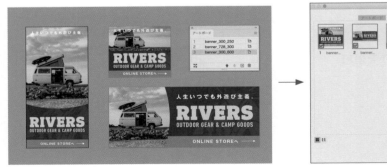

📖 形式ごとのオプションを設定する

「アセットの書き出しパネル」のパネルメニューから [形式の設定...] を選ぶか、「スクリーン用に書き出し」ダイアログの [フォーマット] 項目の右上にある歯車のアイコンをクリックすることで、各形式ごとのオプションが設定できます。

PNGなら背景を白にするか透明にするか、JPEGなら圧縮方法をどれにするか、SVGなら扱う座標の精度をどのくらいにするかなどを変更できます。一度設定すれば「アセット書き出しパネル」と「スクリーン用に書き出し」ダイアログのどちらにおいても適用されます。設定内容が分かりづらいですが、初めのうちはPNGの背景透過を都度変更するくらいで、その他は初期設定のままでも問題ないでしょう。

Illustratorではラスター形式のデータを「画像」と呼ぶ

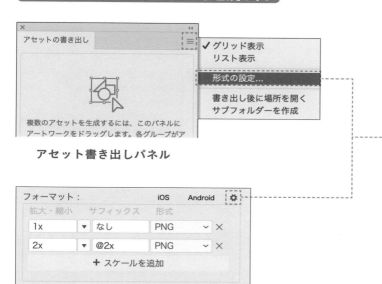

アセット書き出しパネル

スクリーン用に書き出しダイアログ

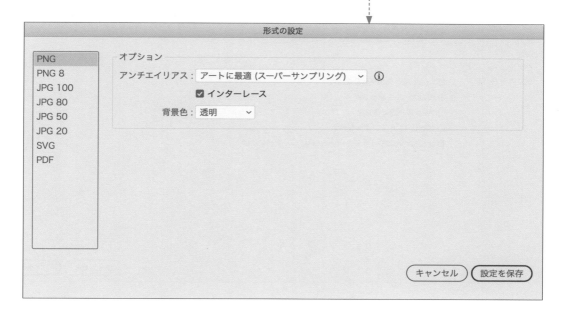

📖 PDF形式として書き出す

PDF形式に限っては、「アセット書き出しパネル」や「スクリーン用に書き出し」ダイアログではなく、[複製を保存...] を使って書き出すのがよいでしょう。アセット単位ではなくアートボードをそのまま書き出すことになりますが、実際のところアセット単位でPDFへ書き出すことはほぼないので問題ありません。

[複製を保存...] では、PDFに関するより細かい設定が可能な点、複数のアートボードがあっても複数ページを持つ1つのPDFに書き出せる点がメリットです。[ファイル] メニュー→[複製を保存...] を選択し、[ファイル形式：Adobe PDF（pdf）] に設定して保存します。オプションを設定する画面が表示されたら、目的のオプションを設定します。初めのうちは、[プリセット] に登録された項目で設定を使い分けるのみでも問題ないでしょう。

[複製を保存...]で書き出すとPDFの細かいオプションが設定可能

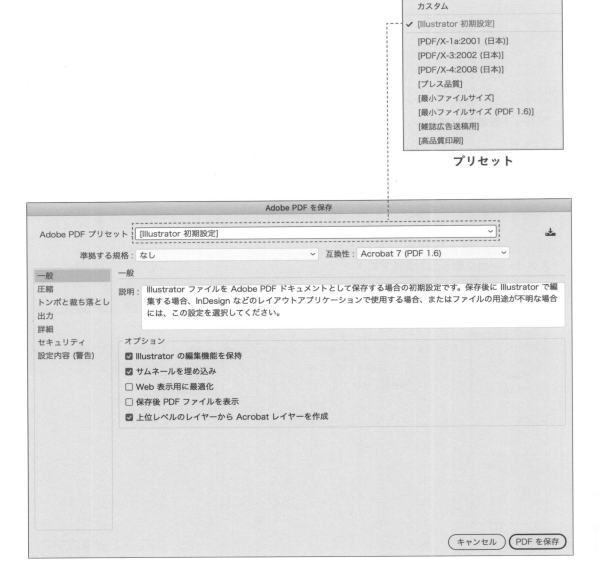

プリセット

Study

03 印刷用データについて知ろう
Lesson 7

Illustratorで作成したデータの印刷を印刷会社に依頼する場合は、いくつかの注意点があります。ここでは主にPDF入稿について解説しています。

📖 プロセスカラーについて

これまでも何度か説明しましたが、印刷の中でポピュラーな方式である「オフセット印刷」では、CMYKの4色のインキを重ね合わせてすべての色を表現します。この4色のインキは「プロセスカラー」と呼ばれています。印刷前に、原稿は「分版」という作業を経てプロセスカラーごとに色分解されます。分解した原稿をもとに、用紙に対して1色ずつ、合計4回インキの転写を行い、最終的な印刷物が仕上がります。

プロセスカラーを重ねて最終的な印刷物になる

プロセスカラーに分けた状態

仕上がり

📖 トンボについて

商業印刷では、多くの場合まず仕上がりサイズよりも大きい用紙へ印刷し、あとで仕上がりサイズに裁断するという過程で製造されます。この時の裁ち落とし、つまり仕上がりサイズの位置を示すガイドが「トンボ」です。裁断は、このトンボに合わせて行われます。

仕上がりサイズへの裁ち落とし位置を示すトンボ

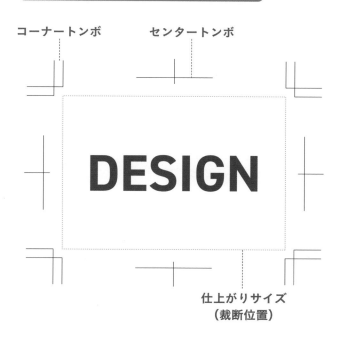

コーナートンボ　　　　センタートンボ

DESIGN

仕上がりサイズ
（裁断位置）

📖 塗り足しについて

　用紙の裁断はトンボに合わせて正確に行われますが、どうしても少しだけ誤差が出てしまいます。用紙の端まで色がある原稿では、この誤差によってわずかな余白が出てしまう恐れがあります。これを避けるため、裁断のラインより原稿の色面を余分に広げ、はみ出させておきます。この余分に広げた範囲を「塗り足し」と呼びます。塗り足しをプラスしておくことで、裁断に少しの誤差が出ても余白が生まれるのを回避できます。

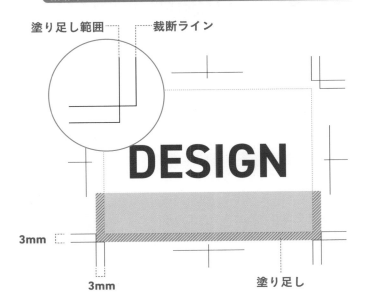

塗り足し範囲　　裁断ライン

DESIGN

3mm

3mm

塗り足し

📖 印刷用のドキュメント

　Illustratorで印刷用のドキュメントを作る時は、「新規ドキュメント」ダイアログで［印刷］のタブを選択し、プリセットから目的の用紙サイズを選べば大丈夫です。［幅］と［高さ］はアートボードのことですが、これが仕上がりの用紙サイズになります。［裁ち落とし］は塗り足しのことで、日本で一般的な塗り足しのサイズである［3mm］が設定されています。あとは、［カラーモード：CMYKカラー］［ラスタライズ効果：高解像度（300ppi）］になっていればよいでしょう。

印刷用のデータを作成する時の新規ドキュメント設定

印刷用のプリセット

他のサイズを選びたいときはここをクリック

仕上がりサイズ（アートボードサイズ）

塗り足しサイズ

ドキュメントのカラーモード

基本の解像度

📖 印刷データを入稿する

印刷会社に印刷を依頼する時、作成したIllustratorのデータをいったん印刷会社に預けることになります。このことを「入稿」と呼びます。入稿の方式は印刷会社によって異なりますが、現在では「PDF入稿」という方式が一般的になりつつあります。Illustratorのデータそのものを渡す方法もありますが、バージョンによるソフトの互換性、リンク画像やフォントファイルなどを添付する煩わしさがあり、初級者には若干ハードルが高く感じるでしょう。その点PDF入稿では、PDF形式に変換した1ファイルのみを渡すだけでよいため、入稿のやりとりがシンプルになります。印刷をお願いする会社がPDF入稿に対応しているかどうかは事前に確認しておきましょう。

Illustratorデータで入稿する時は画像やフォントなどを添付する場合が多い

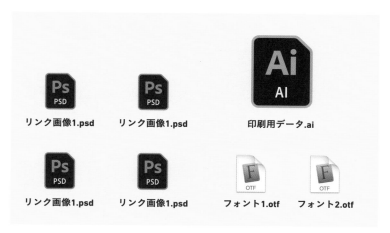

Illustratorファイルでの入稿　　　　　　PDFでの入稿

📖 印刷用のPDFに書き出す

印刷用のPDFを作成するためには、[ファイル]メニュー→[複製を保存...]を選択し、[ファイル形式：Adobe PDF（pdf）]に設定して[保存]をクリックします。あとは、表示されたPDFの設定オプション画面で各種設定をして[PDFを保存]をクリックすれば、IllustratorのデータがPDFとして保存されます。

PDFの設定内容は、入稿する印刷会社によって異なります。事前に印刷会社のPDF入稿における注意点などを確認しておくことが必要です。

PDFデータで入稿する時は画像やフォントなどの添付は不要

📖 印刷会社提供のプリセットを使ってPDFにする

印刷会社ごとにさまざまなローカルルールがあり、適したPDFの設定は微妙に異なります。PDF入稿に対応した印刷会社では、その会社に適した設定をあらかじめ保存した「PDFプリセット」というファイルを提供していることがほとんどです。これが提供されている場合は、まずファイルを入手しましょう。

［編集］メニュー→［Adobe PDFプリセット...］を選択し、［読み込み］ボタンをクリックしてPDFプリセットのファイルを選択すると、PDF保存オプションの［プリセット］に印刷会社のプリセットが追加されます。あとは、このプリセットを選択した上でPDFに保存すれば、その会社に適したPDFになります。

印刷会社提供のPDFプリセットをIllustratorに読み込んで使用

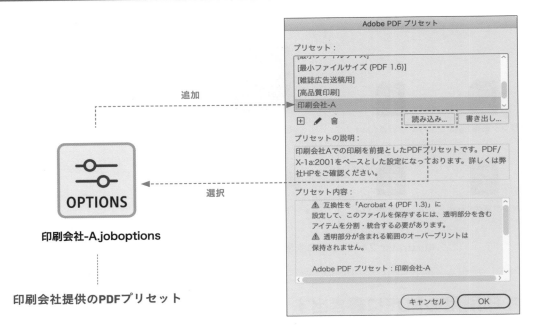

印刷会社-A.joboptions

印刷会社提供のPDFプリセット

📖 一般的な設定で印刷用PDFにする

提供されているPDFプリセットがない場合は、［PDF/X-1a:2001（日本）］か［PDF/X-4:2008（日本）］のプリセットを使うのが一般的です。「X-4」は比較的新しい仕様に沿った設定なので、印刷会社が対応していればこちらを採用しましょう。「X-1a」は少し古い仕様ですが、多くの印刷会社で対応しています。ただし、透過が絡む複雑なデータなどで一部が正しく処理されないケースもあり注意が必要です。どちらにせよ、事前に「X-4」に対応しているかを確認した上で、どのプリセットを使うか決めるとよいでしょう。

印刷会社が対応していれば「X-4」を優先

カスタム
✓ [Illustrator 初期設定]
[PDF/X-1a:2001 (日本)]
[PDF/X-3:2002 (日本)]
[PDF/X-4:2008 (日本)]
[プレス品質]
[最小ファイルサイズ]
[最小ファイルサイズ (PDF 1.6)]
[雑誌広告送稿用]
[高品質印刷]

Lesson 8

総合演習

この章では、これまで学習した機能を応用し、手順を追って実際のデザインを作成します。テーマとして、「バナー」と「フライヤー」の2つを取り上げましたが、どちらもデザインにおいてはポピュラーな作業といえます。作例を通して、個別の機能をどのように組み合わせてひとつのデザインに仕上げるか、それぞれの「使いどころ」を具体的に体感するのが狙いです。手順は少し多めですが、総合的なIllustrator力のアップのために頑張って仕上げてみましょう。

Try

01

Lesson 8

Level
★★★★★

Webサイトで使うバナーを作る

今回は、実際の依頼を想定したバナー制作を行います。「制作バナーの要件」を読んで、要件に沿ったバナーの制作方法を学んでいきましょう。

Skill

◎図形を作成する
長方形ツール、ダイレクト選択ツール
グラデーションパネル、
パスの変形、
回転ツール

◎アーチ上に文字を配置する
パス上文字ツール

◎線と塗りを重ねて文字を装飾する
アピアランスパネル

制作バナーの要件

　架空のWebマーケティング会社のSNS運用に関するオンラインセミナーの案内を行うバナー制作をすることになったという設定で、バナーを作成してみましょう。

目的	オンラインセミナーの集客
ターゲット	会社のSNS運用を任されて何から始めたらよいか悩んでいる20〜30代前半の若手社員
メディア	Twitter
バナーの遷移先	会社サイト内にある申し込みページ
データ形式	[幅：1280px] [高さ：720px] のPNGファイル
文字要素	開催場所、セミナー名、開催日程、詳細への案内
画像素材	会社ロゴ
デザインイメージ	ビジネスにおけるSNS運用がテーマなので、真面目さを表現しつつ初心者でも気軽に参加できるようなポップなイメージに。

01 . バナー制作の手順を確認する

　要件を確認したら、さっそくバナーを作成していきましょう。バナー制作は以下のような手順で行います。

> ■制作の手順
>
> ① 要件で提示されている要素をアートボードに配置する
>
> ② 配置した要素それぞれの優先順位を決める
>
> ③ 優先順位に従ってレイアウトを考える
>
> ④ デザインを作成する
>
> ⑤ 要件を満たしているか確認し、微調整を行う
>
> ⑥ 指定された形式に画像を書き出す

02 . 作業環境の準備をする

　Webサイト用のバナー制作に必要な作業環境を設定します。[ファイル]メニュー→[新規...]で「新規ドキュメント」ダイアログを開きます。[Web]のタブをクリックして適当なプリセットを選んでから[幅：1280px][高さ：720px]を設定し、[作成]をクリックします 。

> memo🖉
> WebのデザインはRGBで色を表現するため、[RGBカラー]で作成する必要があります。またサイズについても「ピクセル」を用います。「新規ドキュメント」ダイアログで [Web] のタブから作成すると、カラーモードは「RGB」、単位は「ピクセル」に自動で設定されます。

1

03 . 要件で提示されている要素をアートボードに配置する

　要件をきちんと満たしたバナーを作成するために、まずは要件で提示されている要素をすべてアートボード上に配置します **2**。会社ロゴについては、サンプルデータの「8-01_sozai01.ai」を使用します。

2

オンラインセミナー

SNS 運用の基本

9/30(木) 13:00~15:00

詳細はこちら

04. 配置した要素の優先順位を決める

「ユーザーはどのようなことを考えながらこのバナーを見るか？」「見た結果どうなって欲しいのか？」など、ユーザーストーリーを考えながら要素の優先順位を決めていくとよいでしょう。今回はユーザーに以下のような思考順でバナーを見てもらいたいと考え、優先順位を決めています。最重要情報はセミナータイトルで、それ以降については、自然と読み進められるような配置を意識します。

■文字情報の順位付け

1. 何のセミナーだろう？→**SNS運用の基本**

2. どんな会社が開催するのだろう？→**会社ロゴ**

3. いつどこで開催されるのだろう？→**9/30（木）13:00〜15:00、オンライン**

4. セミナー内容、会社情報などより詳しい情報が知りたい→**詳細はこちら**

05. 優先順位に従ってレイアウトを考える

優先順位に従ってレイアウトやフォントの大きさを調整します。この時、[アートボードツール] 🖸 をダブルクリックし、[表示] の [センターマークを表示] [十字線を表示] にチェックを入れておくとレイアウトしやすくなります **3** **4**。

3

4

06. デザインを作成する①
グラデーションの背景を作る

要件のデザインイメージをヒントにデザインを作成していきます。

[長方形ツール] ▢ で、アートボードと同サイズの背景用の長方形を作成します。「グラデーションパネル」で塗りを [種類：線形グラデーション] にし

ます **5** **6**。グラデーションスライダーの左にある [カラー分岐点] をダブルクリックし、カラーを [R247／G206／B104] に設定しました。右にある [カラー分岐点] は [R250／G221／B75] に設定しました **7** **8**。

○グラデーションについてはP78を参照

5

6

7

8

グラデーションスライダーでカラー分岐点の左右の色を設定

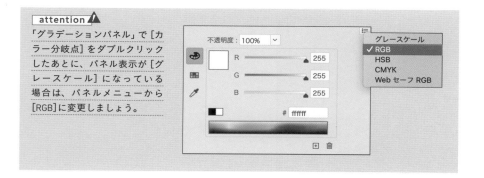

attention ⚠️
「グラデーションパネル」で [カラー分岐点] をダブルクリックしたあとに、パネル表示が [グレースケール] になっている場合は、パネルメニューから [RGB] に変更しましょう。

07. デザインを作成する②
ストライプの背景を作る

アートボード外に［長方形ツール］□ で［幅：23px］［高さ：219px］で［線：なし］［塗り：R250／G123／B112］の長方形と［幅：12px］［高さ：219px］で［線：なし］［塗り：R250／G209／B137］の長方形を作成し、ぴったりとくっつけます 。

［選択ツール］▶ で2つの長方形を選択し「スウォッチパネル」にドラッグ＆ドロップで登録します 10。［長方形ツール］□ で背景用の長方形をもうひとつ作成し、先ほどスウォッチ登録したストライプを適用します 11。ストライプの長方形を選択した状態で、［回転ツール］⟳ をダブルクリックします。「回転パネル」から［角度：-45°］で、［オブジェクトの変形］のチェックを外し［OK］をクリックします 12。さらに「透明パネル」で［不透明度：10%］に設定しましょう 13 14。作成したグラデーションの背景が最背面、ストライプの背景がその上になるように「レイヤーパネル」からドラッグで調整します 15 16。

◯ パターンについてはP80を参照

2つの長方形を
作成し両方選択

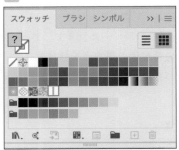

「スウォッチパネル」に
ドラッグして追加

「回転パネル」の中で［角度：-45］、［オブジェクトの変形］
のチェックを外し［OK］をクリック

15

「レイヤーパネル」で背景用の長方形を2つとも移動する

16

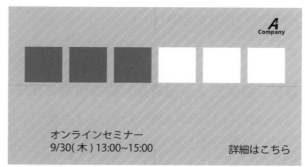

A Company

SNS 運用の基本

オンラインセミナー
9/30(木) 13:00~15:00

詳細はこちら

08. デザインを作成する③ タイトル文字を作成する

[長方形ツール]□で、幅と高さともに[162px]の正方形を描き、6つに複製して等間隔に配置します **17**。作成した正方形の上に、[文字ツール]T で「SNS 運用の」と描いて配置します **18**。

その下に「基本」という文字を作成しましょう。まず、[線：なし][塗り：なし]で文字を作成し、「アピアランスパネル」から[新規塗りを追加]をクリックして[塗り：R80／G103／B250]を設定します。さらに[新規線を追加]をクリックし[線：R0／G0／B0][線幅：1px]としました **19**。「アピアランスパネル」で追加した線を選択した状態で、[新規効果を追加]をクリックし、[パスの変形]→[変形…]で「変形効果」ダイアログを表示します。[移動]の[水平方向][垂直方向]をそれぞれ[3px]に設定します **20 21**。

●アピアランスパネルについてはP152を参照

17

A Company

オンラインセミナー
9/30(木) 13:00~15:00

詳細はこちら

左側3つのカラーは[線：なし][塗り：R80／G103／B250]
右側3つのカラーは[線：なし][塗り：R255／G255／B255]

18

S N S 運用の

カラーは、「SNS」を[線：なし][塗り：R255／G255／B255]、「運用の」を[線：なし][塗り：R80／G103／B250]で、[フォントファミリ：A-OTF 見出ゴMB31 Pr6N MB31][フォントサイズ：150px][トラッキング：520]に設定しそれぞれの文字間は[option]([Alt])+◀▶で微調整した

19

属性	アピアランス	» | ≡
■	**テキスト**	
👁 ∨	線：	╱
👁	不透明度：	初期設定
👁 ∨	線：	▣ ∨ ↕ 1 px ∨
👁	不透明度：	初期設定
👁 >	塗り：	▣
	文字	
👁	不透明度：	初期設定

231

20

変形効果	
拡大・縮小	
水平方向 ──○──	100%
垂直方向 ──○──	100%
移動	
水平方向 ──○──	3 px
垂直方向 ──○──	3 px
回転	
角度 〇	0°
オプション	
☑ オブジェクトの変形	☐ 水平方向に反転
☑ パターンの変形	☐ 垂直方向に反転
☑ 線幅と効果を拡大・縮小	☐ ランダム
🔲 コピー	0
☑ プレビュー	（キャンセル）（OK）

「変形効果」ダイアログで線を移動する

21

memo ✏️

タイトル文字を強調するため「SNS運用の」は正方形を背景に敷きました。「基本」の部分は、塗りと線をずらすことで動きが出て、目に留まりやすくなるようにしています。

09. デザインを作成する④
開催形式や日時など基本情報を作成する

[長方形ツール] 🔲 で飾りの枠線を作成します **22**。さらに、下部に [線：なし] [塗り：R80／G103／B250] の長方形を作成し、その上に開催形式や日付を配置しカラーやテキストを調整します **23**。今回は、日付の視認性を高めるため、日付のフォントサイズを他よりも大きくしています。日本語部分は [フォントファミリ：A-OTF 太ゴB101 Pr6N]、数字は [フォントファミリ：DIN Condensed]、カラーは [R255／G255／B255] に設定しました。

22

[線：R80／G103／B250] [塗り：なし] [線幅：1px] で作成

23

日付に影をつけましょう。「アピアランスパネル」
から、[R80／G103／B250] [線幅：15px] の新規線を
追加し、文字の項目の中へ移動します **24**。追加し
た線を選択した状態で、[新規効果を追加] をクリッ
クし、[パスの変形] → [変形...] で、「変形効果」ダイ
アログを表示します。[移動] の [水平方向：5px] [垂
直方向：0px] に設定します **25 26**。曜日情報を加
えるために [楕円形ツール] ◯ で正円を描いて文字
を配置しました **27**。

24

25

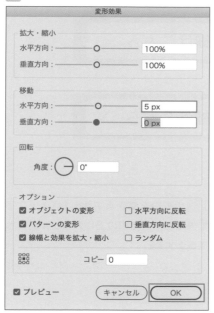

26

27

カラーは [線：R80／G103／B250] [塗り：R255／G255／B255] にした

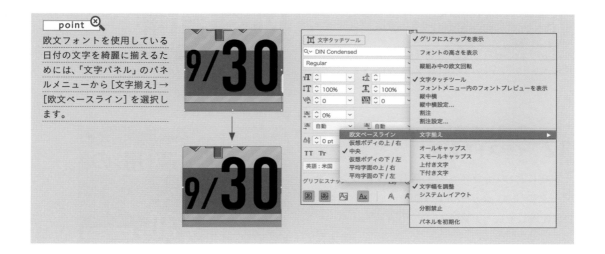

point

欧文フォントを使用している
日付の文字を綺麗に揃えるた
めには、「文字パネル」のパネ
ルメニューから [文字揃え] →
[欧文ベースライン] を選択し
ます。

10. デザインを作成する⑤
詳細情報への導線を作成する

「詳細はこちら」をクリックすると、Webサイト上のセミナーの申し込みページへアクセスできるような導線を考えて、デザインを作成します。[角丸長方形ツール] ▣ で長方形を作成し、その上に「詳細はこちら」の文字を配置します  28 。

クリックするとページへアクセスできることが分かるようにするために、矢印を作成しましょう。文字の横に [長方形ツール] ▣ で正方形を作成し、選択してからバウンディングボックスで shift を押しながら45°回転させます。正方形を選択した状態で [ダイレクト選択ツール] ▷ に切り替え、左端のアンカーポイントをクリックで選択し 29 、 delete で削除します 30 。大きさを調整したあと、完成した矢印をコピーし横に並べました 31 。

28

カラーは [線：なし] [塗り：R225/G255/B255] に設定

29

カラーは [線：R80/G103/B250] [塗り：なし] に設定

30

31

11. 確認と微調整①
タイトルに目を引く文字を追加する

要素のデザインを一通り終えたら入れたい要件がきちんと入っているか確認します。要件の「初心者でも気軽に参加できるようなポップなイメージ」が少し足りないと判断し、文言やデザイン要素を足していきます。

タイトルにパス上文字を追加してみましょう。[楕円形ツール] ▣ で楕円を描きます 32 。[パス上文字ツール] ◈ で先ほど描いた円の上にカーソルを合わせ、文字を描きます 33 。

● パス上文字の調整についてはP128を参照

32

パス上文字を描くためのパスを [楕円形ツール] で作成する

33

[フォントファミリ：VDL メガ丸 R] に設定

12. 確認と微調整②
イラストを配置

左右に2つのイラストを配置します。サンプルデータの「8-01_sozai02.ai」「8-01_sozai03.ai」を開いて、配置しましょう 34 。

34

確認と微調整③
13. ポップさの要素をプラスする

背景の余白部分に英字の装飾を加えます。[フォントファミリ：Industry Inc Outline] [不透明度：50%] に設定して完成です **35** 。

英字の装飾のカラーは[線：R255／G255／B255] [塗り：なし]で、「文字パネル」で[文字回転：-2°]に設定して少し傾けた

> **memo** 🖊
> 背景の余白にセミナー内容に関連する言葉を飾り文字として配置して、ポップなイメージを演出しました。また、重要な文字情報よりも目立ちすぎないように不透明度を調整して、背景と馴染ませました。

14. 指定された形式に画像を書き出す

デザインが完成したらデータを書き出しましょう。[ファイルメニュー]→[書き出し]→[スクリーン用に書き出し...]を選択して **36** 、「スクリーン用に書き出し」ダイアログが開いたら、[アートボード]をクリックします。書き出し先のフォルダーを選択して、[フォーマット]の[形式]を[PNG]にしたら、[アートボードを書き出し]をクリックすると書き出しができます **37** 。

Try 02 / Lesson 8

サークルイベントの
フライヤーを作る

Level
★★★★★

Illustratorのさまざまなテクニックを活用して、大学のサークルのフライヤーをデザインします。イベントの内容とデザインが伝わるフライヤーを目指しましょう。

Skill

○ **文字や形に色や影をつける**
アピアランスパネル

○ **色やパターンを登録**
スウォッチパネル

○ **シェイプの内側・外側にパスを描く**
パスのオフセット

制作バナーの要件

架空の大学の料理サークルが開催する料理イベントを告知することになったという設定で、フライヤーを作成してみましょう。

目的	大学内で開催する料理イベント告知
ターゲット	「SNS映え」する料理の作り方に興味のある大学生、大学の近所の住人
メディア	フライヤー
データ形式	A4サイズの印刷用PDF、入稿用Illustratorファイル、Webサイトでの告知用のPNGファイル
文字要素	主催者情報、タイトル、会場、持ち物、費用、申し込み方法・期間、連絡先、キャッチコピー、イベント内容、開催日程
画像素材	料理の写真
デザインイメージ	SNSの画像一覧を連想させる写真配置と、楽しさを感じさせるタイトルロゴデザイン。タイトルに注目させるために、全体的に派手すぎない配色に。

01. 情報を整理する

　実際にフライヤーを作る時には、はじめにテキスト情報や写真素材、ロゴなどの素材が揃っているかどうかや、どのくらいの文字量をどこに配置するのかを考えます。また、どういったデザインにすれば集客に結びつくのかを考えてレイアウトや配色など、デザインについての構想を練ります。

　特にレイアウトに関しては、事前に簡単なスケッチを描いて方針を決めておくと、Illustrator上での作業がスムーズです **1** **2** 。

> **■用意するもの・考えておくこと**
>
> **1**　文字要素(情報)
>
> **2**　写真素材
>
> **3**　イラスト素材
>
> **4**　デザイン・レイアウト
>
> **5**　配色

　特に文字と写真については、何をどのように目立たせるかを考えておきましょう。「目立たせる」ためには、下記などの方法が挙げられます。

- 文字や写真を他より大きくする
- 色をほかと変える
- フォントをほかと変える
- 装飾をほどこす

1

2

写真素材

237

02. 新規アートボードを作る

［ファイル］メニュー→［新規...］から新規ドキュメントを作成します。［印刷］を選択して［A4］のプリセットを選んだら［作成］をクリックしてアートボードを作成します 。

03. 要素を大まかに配置してみる

写真や文字などがスケッチ通りに配置できるか検証するために、写真のエリアを［長方形ツール］□で作成して配置したり、文字を作成してからフォントの大きさなどを大まかに変えてみたりします 4。テキストは、サンプルデータの「8-02_text.txt」を開いて文字をコピーしてから、［文字ツール］Tを選択してIllustrator上にペーストして配置しましょう。

この時点で無理があるようならレイアウトを再検討します。ここでは情報量が確認できればよいので、フォントの種類や色などは特に変えずに作業します。情報が問題なく入るようであれば、いったんすべての要素をペーストボード（グレーの部分）へ移動します 5。

04. 正確にガイドを作成する①
長方形を正確に縮小する

　ガイドを作成するための元となる長方形を描きます。[長方形ツール] ▣ で、アートボードと同じサイズの長方形を描き **6**、「整列パネル」で [アートボードに整列] を選択してから [水平方向左に整列] [垂直方向上に整列] を選択して **7**、アートボードと完全に同一の位置に長方形を配置します **8**。配置した長方形を選択して [オブジェクト] メニュー→ [パス] → [パスのオフセット...] を選択します。「パスのオフセット」ダイアログが開いたら、オフセットの値に [-10mm] と入力して [OK] をクリックします **9 10**。

6

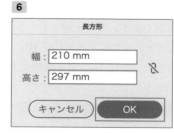

A4（210mm×297mm）サイズの長方形を描く

7

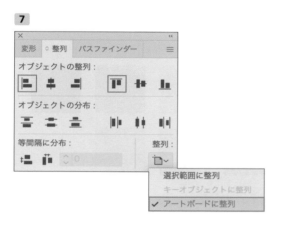

8

9

10

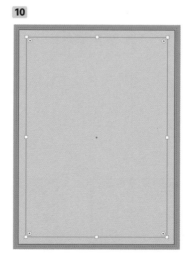

正確にガイドを作成する②
05. 長方形からガイドを作る

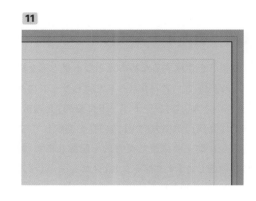

[表示]メニュー→[ガイド]→[ガイドを作成]
を選択します。アートボードから10mm内側の位
置にガイドが作成できました **11**。

今後はこの10mmよりも外側に文字要素を置か
ないようにします。10mm内側にできた長方形は
ガイドに変換されていますが、元の長方形はその
ままなので、後ほど背景と使用するために一旦
アートボードの外に移動しておきます。

06. スウォッチに色を登録する

メインカラー、サブカラー、文字色などの配色
を考えて、「スウォッチパネル」に色を登録します。
先に色を決めておくと、「アピアランスパネル」で
色を選ぶ際にすぐに色を指定できて便利です。こ
こではサンプルデータの「8-02_color.ai」を開いて
色をまとめて選んで現在のアートボード上へコ
ピー&ペーストし **12**、「スウォッチパネル」の下部
のフォルダーアイコンをクリックすると複数の色
をフォルダーにまとめられます **13**。この時、[プ
ロセスをグローバルに変換]にチェックをし、「グ
ローバルスウォッチ」として登録してからどれか
ひとつの色を選択して「カラーパネル」を開くと、
その色を100%として徐々に階調が変化する色合
いを実現できます **14**。

●スウォッチパネルについてはP77を参照

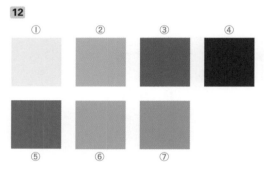

ここでは、仮に①②③④⑤⑥⑦と番号をふって解説していく

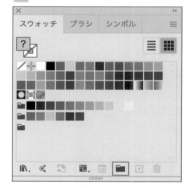

07. スウォッチにパターンを登録する

背景用のストライプのパターンを「スウォッチパネル」へ登録します。[長方形ツール] □ を選択して塗りが②の長方形を描き、ドラッグで「スウォッチパネル」へ登録したら **15**、登録したスウォッチをダブルクリックしてパターン編集モードに切り替えます **16**。

長方形を斜めにして [幅] と [高さ] を微調整したり、「カラーパネル」で塗りを [40％] に変更したりして、斜めストライプの背景を作成します **17 18**。

作成したストライプは、手順04で作成した長方形へ適用して背景として利用します。その際、背景にする長方形に [パスのオフセット...] で [オフセット：3mm] を適用して、「裁ち落とし」線（赤い線）に合わせたサイズにしておきましょう。残っている元の長方形は、削除します。「背景」レイヤーを作成して、作成した背景を移動してロックしておきます。

● パターンについてはP80を参照

15

ドラッグ＆ドロップ

②ダブルクリック

16

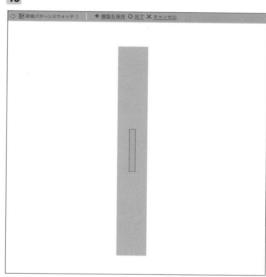

17

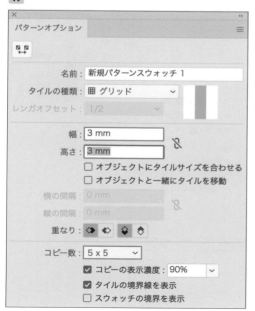

18

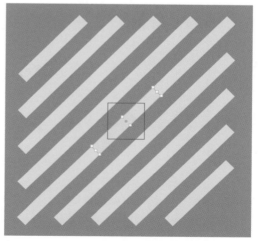

青いタイルの中に、長方形を斜めにして図のように配置するときれいな斜めのストライプのパターンが作成できる

08. タイトルを作成する①
フォントを変更する

手順03で入力したタイトルをアートボード上に移動し「文字パネル」を使って視認性のよい太めのフォントに変更します **19**。キャッチコピーには[フォントファミリ：どんぐり かな R]、タイトルには[フォントファミリ：VDL V 7 丸ゴシック EB]を設定しました。

19

SNS 映えする
ウマい料理&デザートを
作ろう

みんなでクッキング！

09. タイトルを作成する②
文字を動かす

[文字タッチツール] 🔠 で文字ごとの角度や大きさを変更し楽しそうなイメージを持たせましょう **20**。

20

SNS 映えする
ウマい料理&デザートを
作ろう

「文字パネル」から[文字タッチツール]に切り替えることも可能

10. タイトルを作成する③
ズレた影をつける

文字の「塗り」に色をつけたら **21**、「アピアランスパネル」の文字の項目に[新規線を追加]し④の色を設定します。線の[角の形状]は[ラウンド結合]にしておきましょう **22**。

22

アピアランス

テキスト
線：
不透明度：　初期設定
文字
塗り：
不透明度：　初期設定
線：　　　　8 pt
17 pt
17 pt
明度：　初期設定

線幅：　8 pt
線端：
角の形状：　　　比率：
線の位置：
□ 破線
　　　　　　　　　　0 pt　0 pt
線分　間隔　線分　間隔　線分　間隔
矢印：
倍率：　100%　　100%
先端位置：
プロファイル：　　　　　均等

21

SNS 映えする
ウマい料理&デザートを
作ろう

みんなでクッキング！

カラーは①と[黄色：C11／M0／Y62／K0]に設定した

線をもうひとつ設定して、②の色のフチをさらに適用します。このフチをさらに複製して、「アピアランスパネル」の［新規効果を追加］→［パスの変形］→［変形...］で「変形効果」でズレた影をつけることで、タイトルらしいよりポップな印象を持たせます **23** **24**。

23

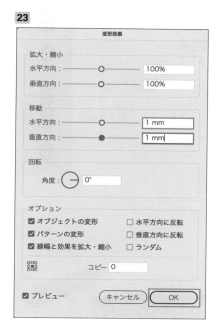

レイヤーの一番下の②の色のフチに効果を追加する

11. タイトルを作成する④ 吹き出しを作る

　［長方形ツール］□ と［多角形ツール］◎ でそれぞれ長方形と［辺の数：3］の多角形を描きます。内側の二重丸のアイコン（ライブコーナー）をドラッグして角を丸めたら、両方を選択し「パスファインダーパネル」の［合体］で吹き出しのオブジェクトをひとつにまとめます **25**。まとめたオブジェクトは「アピアランスパネル」で、［塗り：⑤］［線：①］を設定します **26**。

　最後に文字色を①に設定します。吹き出しの色を赤く強い色にすることで、物理的に小さくても目を引くあしらいになります **27**。

24

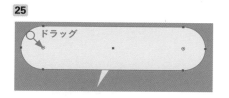

25

ドラッグ

26

27

243

12. タイトルを作成する⑤ 飾りをつける

[直線ツール]☑で線を描き、「破線」をオンにして 28 のように設定します。[回転ツール]🔄を選択して、実際の線よりも内側をクリックして基準点を設定した後で 29、option（Alt）を押しながらクリックし、「回転」ダイアログから角度を入力して[コピー]を押すと、元の破線を残したまま角度を変えて複製できます 30。ここでは、[-45°]と[45°]に複製した3本の線を飾りとして利用します 31 32 33。「タイトル」レイヤーを作成して、タイトルや飾りをすべて移しておきましょう。

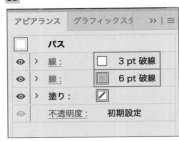

「アピアランスパネル」で破線のカラーをそれぞれ[C0／M0／Y0／K0]と②に設定

13. マスク用のオブジェクトを作成する

「タイトル」レイヤーを非表示にしてから「写真」レイヤーを作成して、[長方形ツール]▢ で一辺が [190mm] の正方形を描きます 34 。

正方形を選択してから [オブジェクト] メニュー→ [パス]→[グリッドに分割...] を選択します。「グリッドに分割」ダイアログで [行] の [段数：3]、[列] の [段数：3] に設定します。段数を入力すると、高さや幅

といった数値は自動的に設定されます。[OK] をクリックすると、均等に長方形が分割できました 35 。

分割した長方形を選択して長方形を削除したり 36 、[選択ツール]▶ でパスを選択してパスを伸ばしたりして、写真をマスクするためのオブジェクトに大小をつけてメリハリを出します 37 。

34

35

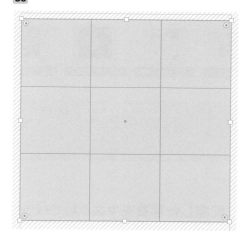

36

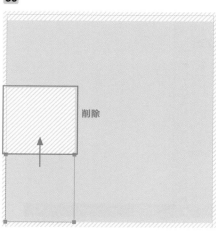

削除

37

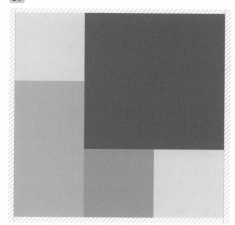

写真をマスクするオブジェクトの形が分かりやすいよう、カラーをひとつずつ変更した

14.写真を配置する

［ファイル］メニュー→［配置...］を選択して写真を選択して、アートボード上をクリックして配置します **38**。

38

15.配置した写真をマスクしてバランスを整える

写真の位置を大まかに決めたら、マスク用の長方形オブジェクトをすべて選択して右クリックし、［重ね順］→［最前面へ］を選択します **39**。

長方形と写真をひとつのペアとして選択して **40**、［オブジェクト］メニュー→［クリッピングマスク］→［作成］でマスクを作成します **41**。この作業を写真の数だけ繰り返します。

写真が配置できたら、非表示にしておいたタイトルを配置して写真とのバランスを見ながらもう一度タイトルのバランスを調整します **42**。

◉マスクについてはP192を参照

39

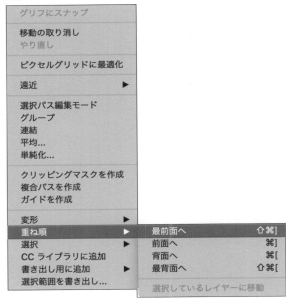

手順13で作成したオブジェクトを最前面へ配置

それぞれ長方形で画像をマスクした上で、ダブルクリックで編集モードにして写真の大きさなどを調整した

16. 透明パネルで写真全体を暗くする

タイトルを配置してみると、タイトルがやや埋没してしまう印象があります。そこで、新しく一辺が［190mm］の黒い正方形を描き、写真全体にかぶせます。「透明パネル」から、［描画モード：乗算］［不透明度：60%］にしておきます。すると写真全体が均等に暗くなり、タイトルが目立つようになりました 43 。

247

. 各セクションの背景を作る

　このフライヤーでは、3つの催しがあります。[長方形ツール] ■ を使ってそれぞれのセクション（催し）ごとに背景を作成します。まず、長方形を描いて、内側に表示されている二重丸をドラッグして角丸の長方形にします。手順04と同じ手順で[パスの

オフセット...]を使って内側に白い長方形を作成します。外側の長方形に色をつけて **44**、「アピアランスパネル」で[新規効果を追加]→[スタイライズ]→[ドロップシャドウ...]を適用しどちらも選択してグループ化しました **45** **46** **47**。

44

内側は[白：C0／M0／Y0／K0]、外側は②に設定した

45

ドロップシャドウ	
描画モード：	乗算
不透明度：	50%
X 軸オフセット：	0.5 mm
Y 軸オフセット：	0.5 mm
ぼかし：	0.5 mm
● カラー： □	○ 濃さ： 100%
☑ プレビュー	キャンセル　OK

46

47

外側の塗りとドロップシャドウのカラーは、上から二段目を⑦、三段目を⑥に設定した

18 . 各セクションの見出しや本文を作る

　手順03で入力しておいたテキストを使って、見出しを作成します。見出し用のテキストのうちひとつを選んで色やフォントなどを設定したら、まだデザインされていない見出し用のテキストを選択してから[スポイトツール] ✐ で先ほど設定したテキストオブジェクトをクリックすると **48**、文字の設定 **49**

がコピー＆ペーストされます。本文も同様の操作を行いましょう **50** **51**。
　写真の上に配置したキャッチコピーには「アピアランスパネル」で[ドロップシャドウ...]を適用して、可読性をより高めます **52** **53**。

48

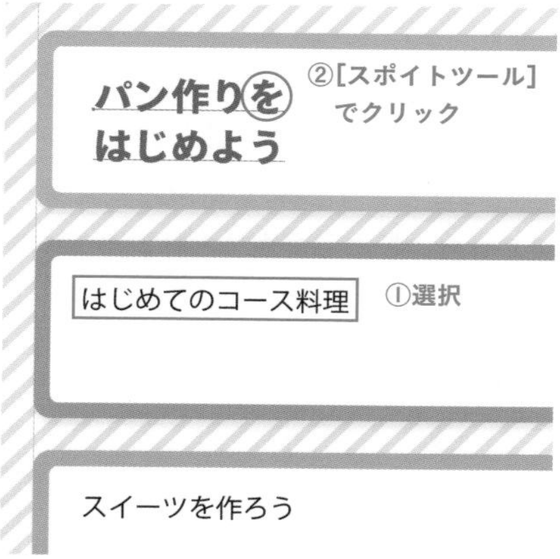

うまく変更されない場合は、パネル上の[スポイトツール]をダブルクリックして「スポイトツールオプション」ダイアログを開き、[文字スタイル]がオンになっているか確認

49

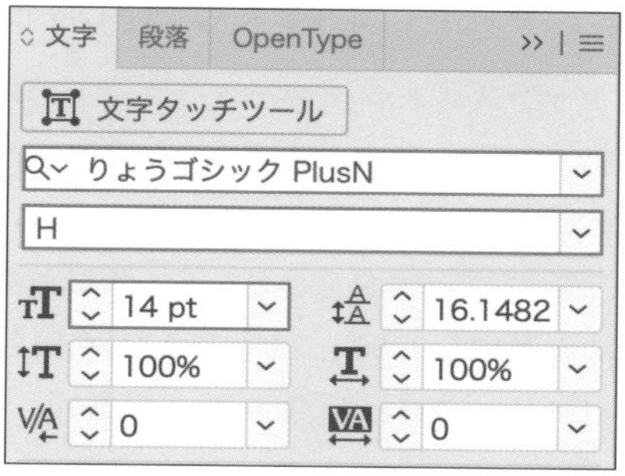

見出しは[フォントファミリ：りょうゴシックPlusN H]で塗りを③に設定

50

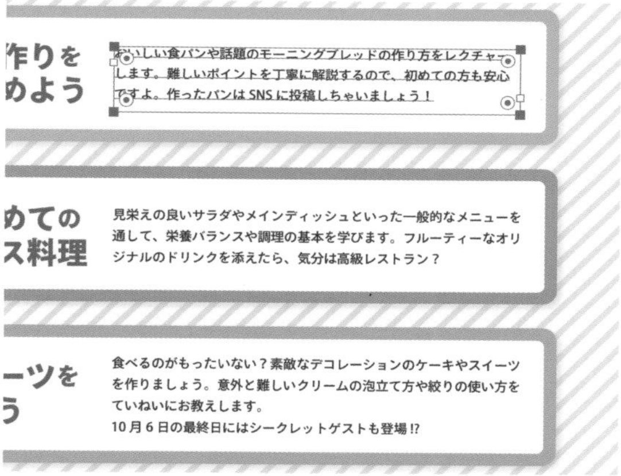

51

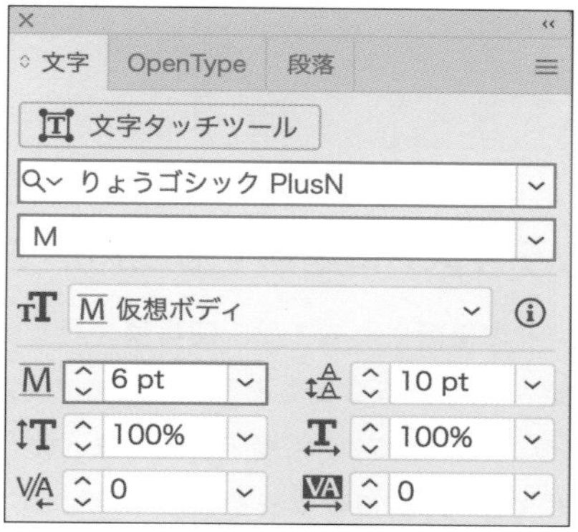

本文は[フォントファミリ：りょうゴシックPlusN M]で塗りを④に設定

52

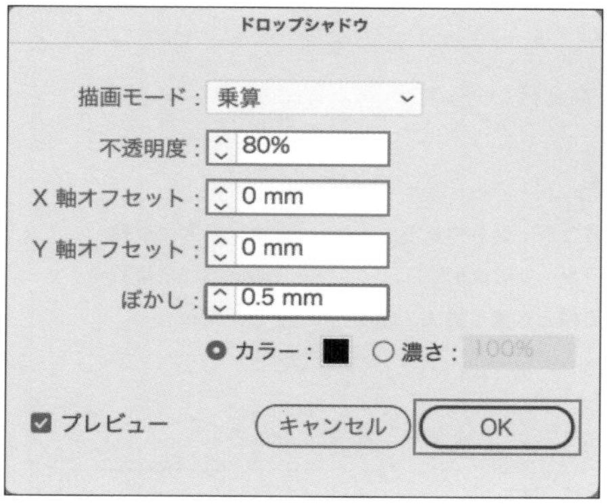

53

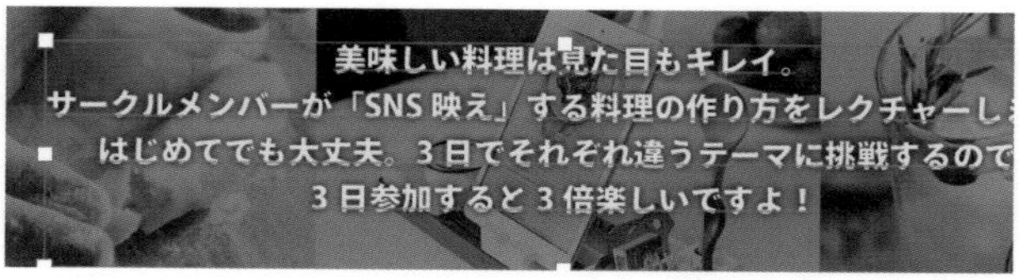

キャッチコピーは[フォントファミリ：りょうゴシック PlusN H]で塗りを①に設定

19. テキストに追随する四角形を作る①

　「アピアランスパネル」を使ってテキストの内容に応じて伸び縮みする四角形を作り、アイコンとして利用します。文字を入力し、「アピアランスパネル」で[塗り]を①と③の2色分作ります。下にあるほうの[塗り]を選択して **54**、パネル上の[新規効果を追加]→[形状に変換]→[長方形...]を選択し「形状

オプション」ダイアログで[形状：長方形]を選択します **55**。[値を追加]を選択して任意の値を入力し[OK]をクリックします。下の塗りが長方形に変換されて、文字の背景に長方形が表示されるようになりました **56**。

54

55

56

文字は[フォントファミリ：りょうゴシック PlusN H]に設定した

20. テキストに追随する四角形を作る②

　フォントの種類によっては、四角形に対して少し上に配置されていることもあります。その場合は、「アピアランスパネル」で再度下にあるほうの[塗り]を選択してから[新規効果を追加]→[パスの変形]→[変形...]を選択します。「変形効果」ダイアログで[移動]の[垂直方向]の数値を調整します **57** **58**。この方法で作成するメリットは、文字数の増減に応じて長方形が伸び縮みするという点です。

57

58

「会場」「費用」をアイコン化して配置し、「透明パネル」で不透明度を調整した長方形の上に配置します。複製して上にあるテキストとカラーを変えると、双方の視認性がより向上します **59** **60**。

59

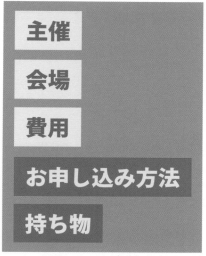

複製して文字を入力し下2つは「アピアランスパネル」から文字の塗りを①に、四角形の塗りを⑤に設定

60

各アイコンに付随する文字（色は①と④）と開催日程（色は④）は［フォントファミリ：りょうゴシック PlusN H］で、開催日程の括弧内の文字のみ［りょうゴシック PlusN B］でサイズを少し小さくした
開催日程の下にはライブコーナーをドラッグして角を内側に丸めた［塗り：C0／M0／Y0／K0］の長方形を配置した

21. 表を作成する①

表の土台になる長方形を描いて選択し **61**、［オブジェクト］メニュー→［パス］→［グリッドに分割...］を選択して、分割を行います **62**。その後、線の太さや背景の色を調整します **63** **64**。

61

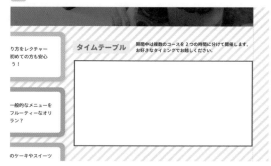

長方形のカラーは［線：④］［塗り：C0／M0／Y0／K0］に設定

62

グリッドに分割

行		列	
段数：	4	段数：	3
高さ：	9.719 mm	幅：	26.591 mm
間隔：	0 mm	間隔：	0 mm
合計：	38.876 mm	合計：	79.773 mm

☐ ガイドを追加
☑ プレビュー
（キャンセル）（OK）

［行］の［段数：4］、［列］の［段数：3］に設定

63

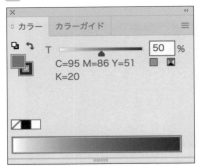

塗りを④の色に設定してから、「カラーパネル」で
[50％]にした

22. 表を作成する②

　表に合わせて文字を配置します。縦列の項目ごと
に入力と改行をしていき、「段落パネル」で[左揃え]
を設定し、高さは「文字パネル」の[行送り]で揃え
ます **65**。その後、セルの塗りを左側の3つのセク
ションの飾りの色と合わせることで、直感的にどの
時間帯にどのイベントがあるのかが分かりやすくな
ります **66**。

64

65

一段目は[塗り：C0／M0／Y0／K0]で[フォントファミリ：りょ
うゴシック PlusN M]に設定
二段目以降は[塗り：④]で[フォントファミリ：りょうゴシッ
ク PlusN B][フォントサイズ：9.5pt][行送り：24pt][トラッキ
ング：20]に設定

66

「スウォッチパネル」で3つの項目ごとに②⑥⑦の色をつけて、
「カラーパネル」で[40％]に設定

23. ギザギザのアイコンを作る

　目立たせたいところにギザギザのアイコンを作成
し配置します。[スターツール] ☆ を選択してアート
ボード上でクリックし、「スター」ダイアログで数値
を設定します **67**。[OK]をクリックするとギザギザ
のアイコンが作成できます **68**。第1半径と第2半径
の数値の差が大きいほどトゲが鋭くなり、点の数が
多いほどトゲの数が増えます。塗りは[C11／M0／
Y62／K0]に設定しました。

67

スター

第 1 半径：	30 mm
第 2 半径：	25 mm
点の数：	40

キャンセル　OK

[第1半径：30mm]
[第2半径：25mm]
[点の数：40]で
作成

68

作例では、バウンディング
ボックスで縮小して配置

24 . Webでの告知用にPNG画像として書き出す

最後にギザギザアイコンの中に文字を入力するなどして、全体の配色や配置のバランスを整えます。アートボードの外に余分なデータがあれば消しておきましょう **69**。

デザインデータが完成したら、データを書き出していきましょう。Webなどで公開するためにPNGファイルにしたい場合は、[ファイル]メニュー→[書き出し]→[スクリーン用に書き出し...]を選択して、[アートボード]を選択します。[裁ち落としを含める]のチェックは外します。書き出し先のフォルダーを選択して、書き出しの[フォーマット]の[形式]を[PNG]にし、[アートボードを書き出し]をクリックします **70**。

69

背景ストライプは、「スウォッチパネル」から塗りを[20%]に変更
ギザギザアイコンの中の文字は[フォントファミリ:りょうゴシックPlusN H]で目立たせたい文字のサイズを調整し、タイムテーブルの説明文と連絡先のメールアドレスは[りょうゴシック PlusN B]、サークル紹介文は[りょうゴシック PlusN M]で、いずれも塗りは④に設定した
「タイムテーブル」「エムディエヌ料理研究会とは?」は、手順20を複製してから文字の塗りを①に、四角形の塗りを④に設定し、サークル紹介欄には[塗り:C0／M0／Y0／K0]の長方形を下に配置した

70

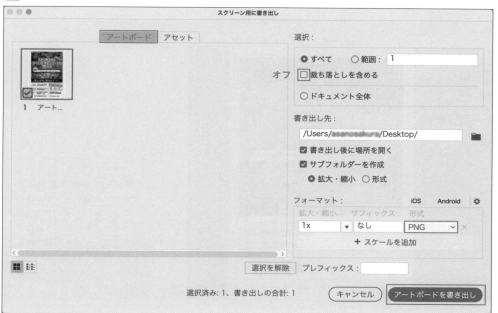

25. 印刷用PDFとして書き出す

　［ファイル］メニュー→［複製を保存…］を選
択して、［ファイル形式］に［Adobe PDF（pdf）］
を指定します **71**。「Adobe PDFを保存」ダイア
ログが開いたら、適切なプリセットを選択し、
［PDFを保存］をクリックします **72** **73**。

◉PDFのプリセットについてはP224を参照

71

72

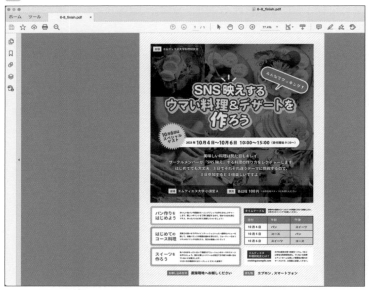

73

PDFとして書き出しが完了

> memo ✎
> 印刷用のPDFは高画質の分
> ファイル容量が大きくなるの
> で、メールでの添付やWebサ
> イトへのアップロードには不
> 向きです。データを極力軽く
> したい場合は［プリセット］か
> ら［最小ファイルサイズ］を選
> 択します。

26 . 入稿用データとして「パッケージ」する

Illustratorのデータを提出する必要がある場合は、リンクで配置した画像も一緒に提出しなければいけません。この時「パッケージ」でひとつのフォルダーにまとめると、画像のリンク切れなどの提出漏れが起きません。

［ファイル］メニュー→［パッケージ...］を選択し、「パッケージ」ダイアログが開いたら、保存先とフォルダー名を選択します。［パッケージ］をクリックすると、指定した場所に、複製されたIllustratorのファイルと画像が同梱されたフォルダーが作成されます **74** **75**。

印刷用として印刷会社などに提出する場合は、先方に同じフォントがないとフォントデータが正常に開けないので、フォントデータをアウトライン化しておく必要があります。パッケージとして複製されたIllustratorのデータを開き、レイヤーやオブジェクトのロックを解除してから command〔Ctrl〕＋Aですべてのオブジェクトを選択し、［書式］メニュー→［アウトラインを作成］を実行して上書き保存します。

74

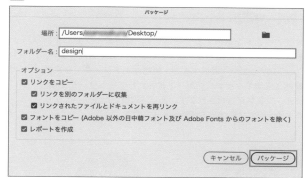

75

attention ⚠

画像が「埋め込み」の場合は「パッケージ」しても画像はフォルダーに複製されませんが画像がなくてもリンク切れになりません。「リンクパネル」を開いてパネルの右側にアイコンがある場合は、画像が「埋め込み」になっています。何もない場合は「リンク」になっています。画像を「埋め込み」にすると、Illustratorのデータのファイル容量が大きくなります。

Illustrator 全ツール一覧

2021年6月現在のIllustrator 2021をもとに執筆されたものです。これ以降の仕様等の変更によっては、記載された内容と事実が異なる場合があります。

●選択ツール

オブジェクトを選択するツールです。対象のオブジェクトをクリック、またはドラッグで囲むようにして選択します。 shift を押しながら選択すると、複数のオブジェクトを選択範囲に追加できます。グループ化されたアートワークでは、グループ全体が選択されます。また、選択したオブジェクトをドラッグして移動する機能もあります。

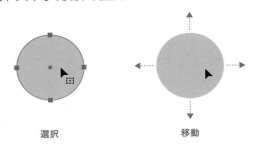

選択　　　　　　　　　移動

●ダイレクト選択ツール

パスのアンカーポイントやセグメント単位で選択できるツールです。対象をクリック、またはドラッグで囲むようにして選択します。オブジェクト自体の形を編集するため、アンカーポイントやハンドルなどを操作する際に使います。また、選択した対象をドラッグで移動する機能もあります。

選択　　　　　　　　　移動

●グループ選択ツール

基本は［選択ツール］と同じく、オブジェクトを選択するためのツールですが、グループ化されたアートワークでも、グループを無視してオブジェクト単位で選択できる点が異なります。同じオブジェクトを2回クリックすると、そのオブジェクトが所属するグループ全体を選択できます。また、選択した対象をドラッグして移動する機能もあります。

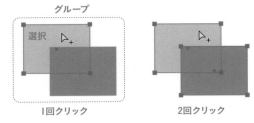

1回クリック　　　　　　2回クリック

●自動選択ツール

クリックしたオブジェクトと近い属性を持つオブジェクトをすべて選択します。「自動選択パネル」で、選択の基準となる属性や許容範囲を設定します。

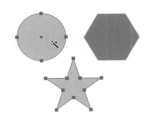

同じ属性のものをすべて選択

●なげなわツール

機能的には［ダイレクト選択ツール］と同じですが、ドラッグした時のマーキーの形をフリーハンドで自由に描けるのが特徴です。入り組んだ場所や離れた場所にあるアンカーポイントを1回の操作で選択する時に使えます。

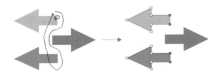

フリーハンドで範囲を指定して選択

●ペンツール

パスを描くための基本的なツールです。クリックするごとにアンカーポイントを連続して追加でき、そのアンカーポイントを結ぶようにパスが作成されていきます。ドラッグすると、追加したアンカーポイントからハンドルを引き出すことができ、セグメントを曲線にできます。

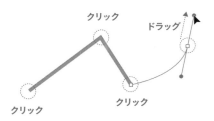

クリック　　　　　　　ドラッグ

クリック　　　　　　　クリック

●アンカーポイントの追加ツール

セグメント上をクリックしてアンカーポイントを追加する
ツールです。パスの形を編集したいけどアンカーポイントが
足りない時などに使います。

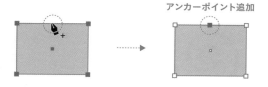

アンカーポイント追加

 ●アンカーポイントの削除ツール

アンカーポイントをクリックして削除するツールです。選択
したアンカーポイントを delete で削除した時とは異なり、アン
カーポイントを削除してもセグメントが切断されることはあ
りません。

アンカーポイント削除

 ●アンカーポイントツール

アンカーポイントのハンドルを操作するツールです。アンカー
ポイントからドラッグすると、既存のハンドルをリセットし
て新しいハンドルを引き出せます。アンカーポイントをクリッ
クすると、ハンドルをすべて削除します。方向点(ハンドルの
先)をクリックすると片側のハンドルだけを削除します。方向
点をドラッグすると、片側のハンドルだけが独立して動き、
アンカーポイントがコーナーポイントになります。方向点を
option (Alt)+クリックすると、アンカーポイントをスムーズ
ポイントに変換します。

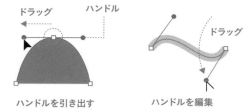

ハンドルを引き出す　　ハンドルを編集

 ●曲線ツール

クリックごとにアンカーポイントが追加され、それらを結ぶ
ように曲線のセグメントが作成されます。クリックだけで曲
線を描けるのが特徴です。このツールでアンカーポイントを
ダブルクリックすると、滑らかなコーナーと鋭利なコーナー
を入れ替えできます。また、アンカーポイントをドラッグし
て形を調整したり、セグメントをクリックして新しいアン
カーポイントを増やすこともできます。

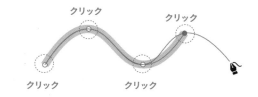

 ●文字ツール

ポイント文字を作成、編集します。何もないところをクリッ
クすると新しいポイント文字が作成され、既存の文字オブ
ジェクトをクリックすると入力モードになり、文字の編集が
できます。また、何もないところをドラッグすると、その範
囲のエリア内文字を作成できます。

山路を登りながら

ポイント文字

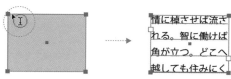 ●エリア内文字ツール

エリア内文字を作成、編集します。何もないところドラッグ
して文字のエリアを指定し、エリア内文字を作成します。ク
リックすると、数値を使った正確な大きさのエリア内文字を
作成できます。また、既存のパスをクリックするとエリア内
文字に変換できます。

情に棹させば流さ
れる。智に働けば
角が立つ。どこへ
越しても住みにく

エリア内文字

●パス上文字ツール

パス上文字を作成、編集します。既存のパスをこのツールで
クリックすると、パス上文字に変換され、パスに沿って文字
を入力できるようになります。

パス上文字

●文字(縦)ツール

縦書きのポイント文字を作成、編集します。基本的な使い方
は[文字ツール] T と同じです。

ポイント文字(縦書き)

●エリア内文字(縦)ツール

縦書きのエリア内文字を作成、編集します。基本的な使い方は[エリア内文字ツール]と同じです。

エリア内文字(縦書き)

●パス上文字(縦)ツール

縦書きのパス上文字を作成、編集します。基本的な使い方は[パス上文字ツール]と同じです。

●文字タッチツール

文字オブジェクトの中の1文字を選択し、大きさや角度、位置などを自由に変更できます。任意の文字をクリックしすると周囲にハンドルが表示され、それらを動かして調整します。文字の並びをランダムにして動きを出したい時や、1文字ずつ色を変えたい時に便利なツールです。

バウンディングボックス

●直線ツール

ドラッグで自由な角度と長さの直線パスを作成できます。クリックするとダイアログが開き、長さや角度を数値で指定して正確なパスを作成することも可能です。[shift]を押しながらドラッグし、垂直、水平なパスを作成する時によく使います。

ドラッグ

●円弧ツール

ドラッグで円弧のパスを作成できます。ドラッグの最中に[▲][▼]を押すと、円弧の湾曲具合を調整できます。クリックで数値を使って正確に作図できます。

ドラッグ

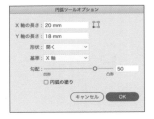

●スパイラルツール

ドラッグで渦巻状のパスを作成できます。ドラッグの最中に[▲][▼]を押すと、渦巻の数を調整できます。クリックで数値を使って正確に作図できます。

ドラッグ

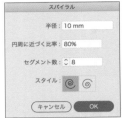

●長方形グリッドツール

ドラッグで格子状のパスを作成できます。ドラッグの最中に[▲][▼][◀][▶]を押すと、縦横方向の格子の数を調整できます。表のベースとなるグリッドを作成する時などに使います。クリックで数値を使って正確に作図できます。

ドラッグ

●同心円グリッドツール

ドラッグで同心円とそれを分割するパスを作成できます。ドラッグの最中に[▲][▼]で同心円の数、[◀][▶]で分割するパスの数を調整できます。分割するパスの数を0にすると同心円のみを作れます。クリックで数値を使って正確に作図できます。

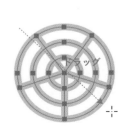

ドラッグ

●長方形ツール

ドラッグで長方形のパスを作成できます。作図するツールの中ではかなりの頻度で使うことになります。クリックすると数値入力のダイアログが開き、幅や高さを指定した正確なサイズの長方形が作図できます。shift＋ドラッグすると正方形になります。

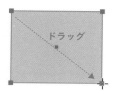 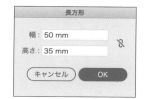

 ●角丸長方形ツール

ドラッグで角の丸い長方形のパスを作成できます。ドラッグの最中に▲▼を押すと角丸の半径を調整できます。◀▶を押すと、角丸なしと最大サイズの半径を入れ替えます。クリックで数値を使って正確に作図できます。

 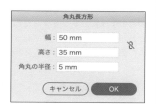

 ●楕円形ツール

ドラッグで楕円形のパスを作成できます。[長方形ツール]と同様で、使用頻度の高いツールです。クリックすると数値入力のダイアログが開き、幅や高さを指定した正確なサイズの楕円形が作図できます。shift＋ドラッグすると正円になります。

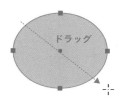 

 ●多角形ツール

ドラッグで多角形のパスを作成できます。ドラッグの最中に▲▼を押して、多角形の角の数を調整します。正三角形や正六角形などを作る時によく使います。クリックすると数値入力のダイアログが開き、正確な大きさの多角形を作図できます。

 ●スターツール

ドラッグで星形のパスを作成できます。ドラッグの最中に▲▼を押してギザギザの数を変更します。同じくドラッグの最中にcommand〔Ctrl〕を押している間はギザギザの大きさを調整できます。吹き出しなどの飾りとして使う、いわゆる"バクダン"を作る時によく使います。

 ●フレアツール

逆光のようなフレアを作成するツールです。ドラッグの最中に▲▼を押して密度を調整します。クリックで細かい設定を使った作図ができます。

 ●ブラシツール

フリーハンドで線を描くツールです。ドラッグした軌跡に沿ってパスが作成されます。事前に「ブラシパネル」で選択した任意のブラシがパスに適用されます。ペンタブレットなどを使ってイラストを描く時によく使われますが、デザインなどの作業で使う機会はあまりありません。

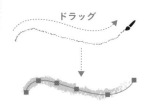 

ブラシを選択

●塗りブラシツール

フリーハンドで線を描くツールです。ドラッグした軌跡に沿って線が描かれますが、パスは袋状の塗りになるのが特徴です。重なった部分は自動的に合体されるので、塗りの面をフリーハンドで描きたい時に使います。

●Shaperツール

ジェスチャーで図形を作成したり組み合わせたりできるツールです。ドラッグでだいたいの形（三角形や円など）をラフに描くと、正確な図形に置き換えてくれます。

●鉛筆ツール

フリーハンドで線を描くツールです。ドラッグした軌跡に沿ってパスが作成されます。[ブラシツール] のようにブラシは適用されず、通常の線になります。ペンタブレットなどでイラストを描く時によく使われますが、デザインの作業ではあまり使われません。

●スムーズツール

選択したパスをなぞって滑らかに修正するツールです。[鉛筆ツール] などで描いたパスがガタガタになってしまった時、滑らかにする目的でよく使われます。デザインの作業ではあまり使われません。

●パス消しゴムツール

選択したパスをなぞって削除するツールです。なぞった部分だけが削除されます。デザインの作業ではあまり使われません。

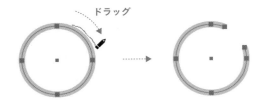

●連結ツール

2つのパスの隙間をつなぐようにドラッグするだけで、自動でパスが延長して連結されます。距離が遠いとうまくいきません。また、2つのパスが交差してはみ出た範囲をドラッグすると、はみ出た部分を削除した上で連結します。これもはみ出た範囲が大きいとうまくいきません。

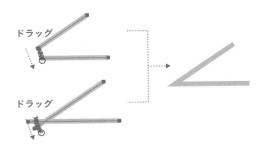

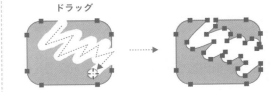

●消しゴムツール

塗りをフリーハンドでなぞって削除します。実際の消しゴムで消すように、ドラッグした部分だけを削るように削除することが可能です。ペンタブレットなどでイラストを描く時によく使われますが、デザインの作業ではあまり使われません。

●はさみツール

クリックしたアンカーポイントでセグメントを分割します。分割されたセグメントのアンカーポイントは、2つが同じ位置で重なった状態になります。

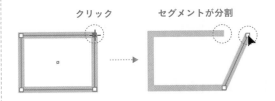

●ナイフツール

塗りの面を分割するツールです。塗りのあるオブジェクトの上をドラッグすると、その軌跡でオブジェクトが分割されます。事前に control (Alt) を押してからドラッグすると、直線で分割可能です。

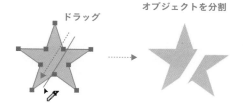

オブジェクトを分割

歪み

 ●回転ツール

選択したオブジェクトを回転するツールです。ドラッグで自由に回転できますが、 shift を押している間は回転する角度を45°単位に固定できます。また、クリックしてダイアログを開くと数値を使った正確な回転ができます。

 ●リシェイプツール

パスのセグメントをドラッグして曲線の形を調整するツールです。ドラッグにより直感的にセグメントの形を編集できるのが特徴です。ドラッグするためにセグメントを掴んだ場所に新しいアンカーポイントが追加されます。

回転

 ●リフレクトツール

選択したオブジェクトを鏡に映したように反転するツールです。ドラッグで自由な角度に反転できますが、 shift を押している間は角度を45°単位に固定できます。また、クリックしてダイアログを開くと数値などを使った正確な反転ができます。

 ●線幅ツール

均一な太さの線に抑揚を与えるツールです。このツールでパスをドラッグすると、その位置に線幅ポイントが追加され、線の太さを部分的に変更できる可変線幅という状態になります。線幅ポイントから左右に伸びるハンドルを動かして太さを調整します。線の太さを滑らかに変えて動き表現したい時に便利です。

反転

 ●拡大・縮小ツール

選択したオブジェクトの大きさを変えるツールです。ドラッグで自由な比率にできますが、 shift を押しながらドラッグすると、縦横の比率を固定した拡大、縮小が可能です。また、 option (Alt)＋クリックでダイアログを開くと数値を使った正確な拡大、縮小ができます。

 ●ワープツール

オブジェクトをドラッグして歪ませます。ツールをダブルクリックすると細かい設定ができます。

拡大

縮小

●うねりツール

マウスボタンを押している間、オブジェクトを渦巻状に変形します。ツールをダブルクリックすると細かい設定ができます。

 ●シアーツール

選択したオブジェクトを斜めに歪ませるツールです。ドラッグで自由な変形できますが、 shift を押しながらドラッグすると、歪みの方向を45°単位で固定できます。また、 option (Alt)＋クリックでダイアログを開くと数値などを使った正確な変形ができます。

●収縮ツール

マウスボタンを押している間、オブジェクトのパスを中央に集めるように変形します。ツールをダブルクリックすると細かい設定ができます。

 ●膨張ツール

マウスボタンを押している間、オブジェクトのパスを中央から広げるように変形します。ツールをダブルクリックすると細かい設定ができます。

●ひだツール

マウスボタンを押している間、オブジェクトのセグメントを中央に引っ張ってギザギザにします。ツールをダブルクリックすると細かい設定ができます。

 ●クラウンツール

マウスボタンを押している間、オブジェクトのセグメントを中央から広げるようにギザギザにします。ツールをダブルクリックすると細かい設定ができます。

 ●リンクルツール

マウスボタンを押している間、オブジェクトのセグメントをランダムに変形します。ツールをダブルクリックすると細かい設定ができます。

 ●自由変形ツール

バウンディングボックスのハンドルを使って、拡大・縮小、回転、シアーを同時に行えるツールです。変形をフリーハンドで一度に行いたい時に便利です。四隅のハンドルは、ドラッグを開始してから command （ Ctrl ）を押すと、オブジェクトを自由な形に変形できるのも特徴です。

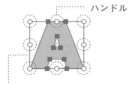

ハンドル

バウンディングボックス

 ●パペットワープツール

オブジェクトの任意の位置に「ピン」を打ち、そのピンをドラッグすることでフレキシブルな変形ができるツールです。イラストのポーズを変更したり、微妙な角度などを調整する時に便利に使えます。

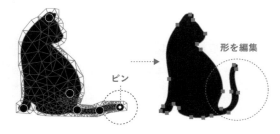

ピン　　　　　　　形を編集

 ●シェイプ形成ツール

ジェスチャーを使って複数のオブジェクトを合体したり、分割したり、不要な範囲を削除できるツールです。多くの機能はパスファインダーと同じものですが、直感的に図形を組み合わせたり、余分なものを削除したい時に便利です。

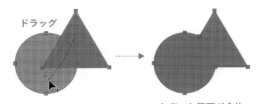

ドラッグ

なぞった範囲が合体

 ●ライブペイントツール

パスが交差した範囲を自由にペイントできるツールです。最初に複数のオブジェクトを選択し、このツールでクリックして「ライブペイントグループ」という特殊なグループにします。ライブペイントグループになったオブジェクトは、交差した範囲を自由に着色ができるようになります。

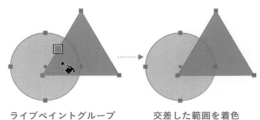

ライブペイントグループ　　　交差した範囲を着色

 ●ライブペイント選択ツール

[ライブペイントツール] 🐾 を使って作成したライブペイントグループの着色可能範囲を選択するツールです。

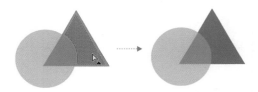

ライブペイントグループ　　　交差した範囲を着色

 ●遠近グリッドツール

このツールを選択すると、3次元のグリッドが表示され、その面に合わせて奥行きのあるオブジェクトを描画できます。パース画などを作成する特殊な目的以外では使いません。表示したグリッドは esc を押せば消えます。

 ●遠近図形選択ツール

遠近グリッド上に配置されたオブジェクトを選択するツールです。

 ●メッシュツール

グラデーションメッシュという特殊な着色方法で利用するメッシュポイントを作成するツールです。リアルなイラストを作成する時に用いられることがあります。

●グラデーションツール

オブジェクトの塗りに設定さたグラデーションを直感的に編集するのに使います。塗りにグラデーションを設定したオブジェクトを選択し、このツールに切り替えると、オブジェクトの上に「グラデーションパネル」の「グラデーションスライダー」と同じものが表示されます。

グラデーションガイド

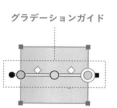 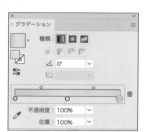

 ●スポイトツール

オブジェクトのカラーや線の設定などを取得し、別のオブジェクトへ移植するツールです。同じ外観の設定を別のオブジェクトへも適用したい時に使います。 shift を押しながらクリックすると、現在アクティブになっている塗り、または線にカラーだけを移植できます。ツールをダブルクリックして、どの属性を移植するか設定することも可能です。

クリック

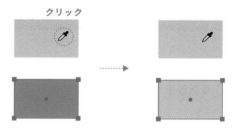

 ●ものさしツール

2点間をドラッグして、始点と終点の距離や角度を計測するツールです。ドラッグすると自動的に「情報パネル」が開き、計測した情報が表示されます。始点の座標、ドラッグ範囲の幅と高さ、始点と終点の距離、角度が計測可能です。

ドラッグ

計測した情報

 ●ブレンドツール

異なるオブジェクトの任意のアンカーポイントを連続してックリックすることで、2つのオブジェクトの中間オブジェクト（ブレンド）を作成できます。ツールをダブルクリックすると、ブレンドの方法や中間オブジェクトの数などを変更可能です。

①クリック　　　　　　　　　②クリック

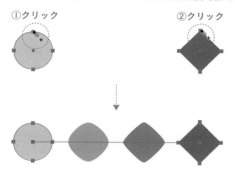

 ●シンボルスプレーツール

マウスボタンを押している間、「シンボルパネル」で選択したシンボルをスプレーのように散らしながら配置するツールです。

 ●シンボルシフトツール

シンボルスプレーで配置したシンボルの位置をドラッグで移動するツールです。

 ●シンボルスクランチツール

シンボルスプレーで配置したシンボルを、ドラッグした範囲で中央に集めるツールです。 option （ Alt ）との併用で拡散になります。

 ●シンボルリサイズツール

シンボルスプレーで配置したシンボルを、ドラッグした範囲内で大きくするツールです。 option （ Alt ）との併用で縮小になります。

 ●シンボルスピンツール

シンボルスプレーで配置したシンボルを、ドラッグした範囲内で回転するツールです。

 ●シンボルステインツール

シンボルスプレーで配置したシンボルを、ドラッグした範囲内で塗りのカラーを使って着色するツールです。 option （ Alt ）併用で着色を消します。

●シンボルスクリーンツール

シンボルスプレーで配置したシンボルを、ドラッグした範囲で透明にするツールです。[option]([Alt])併用で不透明にします。

 ●シンボルスタイルツール

シンボルスプレーで配置したシンボルに、ドラッグした範囲で「グラフィックスタイルパネル」のスタイルを追加するツールです。事前にスタイルを選択しておきます。[option]([Alt])併用で元に戻します。

●棒グラフツール

データを入力して棒グラフを自動的に作成するツールです。

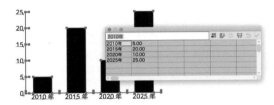

 ●積み上げ棒グラフツール

データを入力して、棒グラフを自動的に作成するツールです。

 ●横向き棒グラフツール

データを入力して、横向きの棒グラフを自動的に作成するツールです。

 ●横向き積み上げ棒グラフツール

データを入力して、横向きの積み上げ棒グラフを自動的に作成するツールです。

 ●折れ線グラフツール

データを入力して、折れ線グラフを自動的に作成するツールです。

 ●階層グラフツール

データを入力して、階層グラフを自動的に作成するツールです。

●散布図ツール

データを入力して、散布図を自動的に作成するツールです。

 ●円グラフツール

データを入力して、円グラフを自動的に作成するツールです。

 ●レーダーチャートツール

データを入力して、レーダーチャートを自動的に作成するツールです。

●アートボードツール

ドラッグで新しいアートボードを作成したり、既存のアートボードをリサイズ、移動、削除するツールです。任意の箇所をドラッグして新しいアートボードを作成します。既存のアートボードを選択し、ハンドルをドラッグするとリサイズ、アートボード内をドラッグすると移動、[delete]を押すと削除になります。オブジェクト同様に、[shift]＋クリック（または[shift]＋ドラッグ）で複数のアートボードを選択可能です。

サイズ変更用ハンドル

アートボード　　　　　　　選択アートボード
新規作成

 ●スライスツール

アートワークの一部を切り取ったように書き出しするためのエリアを定義します。以前の画像書き出しはこのツールを使う方法がメインでしたが、アセット書き出し機能が搭載されてから、あまり使われることはありません。

●スライス選択ツール

スライスツールで定義したスライスエリアを選択するためのツールです。

 ●手のひらツール

ドラッグで画面の表示エリアを自由にスクロールするツールです。スクロールバーを使うより効率的にスクロールできます。他のツールを選択している時、[space]を押すことで一時的にこのツールに切り替えできます。

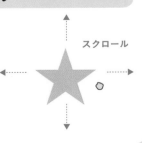

スクロール

●プリント分割ツール

印刷出力するエリアを定義するツールです。クリックすると、現在の用紙設定で定義されている用紙サイズと余白を示すエリアが表示され、任意のエリアを出力範囲として自由に定義できます。

 **●ズームツール**

画面の表示倍率を変更するツールです。クリックした場所を中心に画面が拡大表示されます。option（Alt）＋クリックで縮小になります。標準の設定では、左右にドラッグして表示倍率をフレキシブルに変更するスクラブズーム（アニメーションズーム）機能が利用できます。[Illustrator]メニュー〔[編集]メニュー〕→[環境設定]→[パフォーマンス...]の項目で、アニメーションズームのチェックをオフにすると、拡大範囲をドラッグで指定したズームも可能になります。

●塗り／線のコントロール

塗りボックスと線ボックスを使って、塗りと線のどちらかをアクティブにします。右上の湾曲した両矢印をクリックすると、線と塗りを入れ替えできます。左上の白黒のボックスをクリックすると、標準の線と塗りにリセットされます。塗りボックスや線ボックスは、ダブルクリックでカラーピッカーを開くことも可能です。

●カラーのコントロール

現在アクティブになっている塗り、または線に対してカラーの種類を指定します。左から「カラー」「グラデーション」「なし」です。

 ●描画モードのコントロール

新しいオブジェクトを作成する時の挙動を指定します。「標準描画」は最前面、「背面描画」は再背面、「内側描画」は選択したオブジェクトが自動的にクリッピングマスクになり、その内部に新しいオブジェクトが追加されます。

 ●スクリーンモードのコントロール

画面表示の方法を指定します。「プレゼンテーションモード」はドキュメントが全画面に表示されます。「標準スクリーンモード」は普段の作業で使う表示です。「メニュー付きフルスクリーンモード」はアプリケーションバーが非表示になります。「フルスクリーンモード」はツールやパネルなどが非表示になり、ドキュメントウィンドウのみの表示になります。いずれも esc を押して標準スクリーンモードに戻すことが可能です。

●ツールバーを編集

「ツールパネル（ツールバー）」の内容を自分でカスタマイズできます。不要なツールを削除したり、順番を変えたりできます。また、標準の「ツールパネル」とは別に、新しい「ツールパネル」を作成してカスタマイズすることも可能です。

Index

Index

Index

著者紹介

高橋としゆき(たかはし・としゆき)

1973年生まれ、愛媛県松山市在住。地元を中心に「Graphic Arts Unit」の名義でフリーランスのグラフィックデザイナーとして活動。紙媒体からウェブまで幅広いジャンルを手がけ、デザイン系の書籍も数多く執筆。また、プライベートサイト「ガウプラ」では、オリジナルデザインのフリーフォントを配布しており、TVCM、ロゴタイプ、アニメ、ゲーム、広告など、さまざまな媒体で使用されている。

Twitter：@gautt　　　Web：https://www.graphicartsunit.com/

執筆担当　　全LessonのStudyセクション・Lesson2 Try07

五十嵐華子(いがらし・はなこ)

印刷会社出身のDTPオペレーター&イラストレーター。2010年からフリーランスで活動。イラスト制作・DTPオペレーション両方の観点から、見た目も構造も美しく、「後工程に迷惑をかけないデータ」を目指して日々模索中。SNSやブログでもIllustratorに関する情報発信を続けている。 +DESIGNING(マイナビ)で『○△□でなにつくろ?』連載中。著書に『今日から役立つアイデアを満載!Illustrator魔法のレシピ』(ナツメ社・共著)、『初心者からちゃんとしたプロになるIllustrator基礎入門』(MdN・共著)など。

Twitter：@hamko1114　　　Web：https://hamfactory.net/

執筆担当　　Lesson2 Try12・Lesson3 Try07.08.09・
Lesson4 Try08.09・Lesson5 Try07.09・Lesson6 Try05.06.08

浅野 桜(あさの・さくら)

株式会社タガス代表、Adobe Community Evangelist。印刷会社、メーカーの販促・PR担当を経て現職。広告・販促領域の企画制作業務や講師業などをおこなう。Adobe公式コンテンツ「Illustratorことはじめオンライン講座」シリーズ講師や、近著に『はじめるデザイン―知識、センス、経験なしでもプロの考え方&テクニックが身に付く』(技術評論社)、『今日から役立つアイデアをIllustrator魔法のレシピ』(ナツメ社・共著)など。

Twitter：@chaca21911　　　Web：https://tagas.co.jp/

執筆担当　　Lesson2 Try08.11・Lesson4 Try07・Lesson5 Try06.10.11・
Lesson6 Try07・Lesson8 Try02

mito (みと)

ITコンサル会社にて、金融系システムの開発、運用保守に携わった後、「デザイン」で人の心を動かす仕事に興味を持ち、Web業界へ。2020年4月からフリーランスWebデザイナーとして活動。デザインやプログラミング講師、Web制作、Webコンテンツにおける広告やアイキャッチ制作をしています。プログラミング経験から「見た目」だけではなく、情報を整理し、きちんとロジックで裏付けられた説得力のあるデザインを大事にしています。忘れっぽいのでブログでは、キャリアの転身記録やデザインやコーディング、プログラミングにまつわる事を発信中。

Twitter：@mito_works　　　Web：https://mito-lab.com/

執筆担当　　Lesson2 Try09.10・Lesson3 Try04.05.06・
Lesson4 Try05.06・Lesson5 Try05.08・Lesson8 Try01

● 制作スタッフ

[装丁]　　　　　　　新井大輔
[カバーイラスト]　　石山さやか
[本文デザイン・DTP]　加藤万琴
[編集協力]　　　　　株式会社ウイリング

[編集長]　　　　　　後藤憲司
[副編集長]　　　　　塩見治雄
[担当編集]　　　　　橋本夏希

プロの手本でセンスよく！

Illustrator 誰でも入門

2021年8月1日　　　　初版第1刷発行

[著 者]　　　高橋としゆき、浅野 桜、五十嵐華子、mito

[発行人]　　　山口康夫

[発 行]　　　株式会社エムディエヌコーポレーション
　　　　　　　　〒101-0051　東京都千代田区神田神保町一丁目105番地
　　　　　　　　https://books.MdN.co.jp/

[発 売]　　　株式会社インプレス
　　　　　　　　〒101-0051　東京都千代田区神田神保町一丁目105番地

[印刷・製本]　株式会社廣済堂

Printed in Japan
©2021 Toshiyuki Takahashi, Sakura Asano, Hanako Igarashi, mito. All rights reserved.

【カスタマーセンター】
造本には万全を期しておりますが、万一、落丁・乱丁などがございましたら、送料小社負担にて
お取り替えいたします。お手数ですが、カスタマーセンターまでご返送ください。

● 落丁・乱丁本などのご返送先　　　　　　　　　　　　● 書店・販売店のご注文受付
〒101-0051　東京都千代田区神田神保町一丁目105番地　　株式会社インプレス　受注センター
株式会社エムディエヌコーポレーション カスタマーセンター　TEL：048-449-8040／FAX：048-449-8041
TEL：03-4334-2915

【 内容に関するお問い合わせ先 】

株式会社エムディエヌコーポレーション
カスタマーセンター メール窓口

info@MdN.co.jp

本書の内容に関するご質問は、Eメールのみの受付となります。メールの件名は「Illustrator誰でも入門　質問係」、
本文にはお使いのマシン環境（OS、バージョン、搭載メモリなど）をお書き添えください。電話やFAX、郵便でのご質
問にはお答えできません。ご質問の内容によりましては、しばらくお時間をいただく場合がございます。また、本書の
範囲を超えるご質問に関しましてはお答えいたしかねますので、あらかじめご了承ください。

ISBN978-4-295-20152-6　C3055